U0905500

谨献给市政基础设施和公路设施建设者

TIANJIN MUNICIPAL MEMORY

# 天津市政记忆 四

## 1949—2014 年天津市政公路养护管理

《天津市政记忆》编辑委员会 编著

人民交通出版社股份有限公司
China Communications Press Co.,Ltd.

**图书在版编目（CIP）数据**

天津市政记忆．四，1949–2014 年天津市政公路养护管理 / 《天津市政记忆》编辑委员会编著．–– 北京：人民交通出版社股份有限公司，2016.10

ISBN 978-7-114-13426-5

Ⅰ．①天… Ⅱ．①天… Ⅲ．①市政工程 – 道路施工 – 公路养护 – 天津 – 1949–2014 Ⅳ．① TU99

中国版本图书馆 CIP 数据核字 (2016) 第 267520 号

**天津市政记忆 四**
**1949—2014 年天津市政公路养护管理**

著 作 者：《天津市政记忆》编辑委员会
责任编辑：孙 玺 王 丹 卢俊丽
排 版：北京楚泰文化传播有限公司
出版发行：人民交通出版社股份有限公司
地 址：北京市朝阳区安定门外外馆斜街3号（100011）
网 址：http：//www.ccpress.com.cn
销售电话：（010）59757973
总 经 销：人民交通出版社股份有限公司发行部
经 销：各地新华书店
印 刷：北京盛通印刷股份有限公司

字 数：180千 开 本：880×1230 1/16 印 张：12
版 次：2016年10月 第 1 版
印 次：2016年10月 第 1 次印刷
书 号：ISBN 978-7-114-13426-5
定 价：170.00元

## 《天津市政记忆》顾问委员会



## 《天津市政记忆》编委会

# 序

INTRODUCTORY

天津地处九河下梢，依海河流转接八方来风，靠陆路交通辐射内地诸省，津浦、京山铁路在此交汇，是我国北方重要的交通枢纽。

天津，从明永乐二年（1404 年）筑城设卫至今，已有610多年的历史。1840 年的鸦片战争，揭开了中国近代史的序幕。1860 年，第二次鸦片战争后，签订了中英、中法《北京条约》，帝国主义列强先后在天津划定租界，天津被迫开埠，从一个封建都会逐步演变为半殖民地半封建的城市，这是天津城市发展的一个转折点。

天津的道路、桥梁、排水、园林等市政基础设施和公路交通设施，随着老城的聚落而诞生，伴着都市的扩张而发展。天津被迫开为商埠后，清政府成立了国内第一个官办市政工程机构——天津工程局，修建了第一条砖石路面的“官道”——沿河马路，修建了第一座钢桥——大红桥和第一座开启桥——金华桥，建起了第一个官办公园——中山公园；民国政府按西方技术标准修建了第一条近代公路——京津大道；各租界当局也在租界内陆续铺筑道路，修建钢桥、钢筋混凝土桥，天津成为当时国内开启桥最多的城市。这些市政基础设施使得天津开埠后得领时代风气之先，在国内较早地步入城市近代化的行列。

但是，在半殖民地半封建的旧中国，由于军阀混战，八国租界各自为政，市政建设没有统一规划，给市政设施的发展造成许多障碍和后患，城市道路断头、卡口甚多；海河纵贯市区，仅有桥梁4座；京山、津浦铁路穿越市区百里，仅有狭窄地道9座；东西不通，南北不畅，全市道路交通网络根本没有形成；租界内外都把污水排入附近河道，加之排水设施各成系统，多次造成水淹市区的惨剧。

1949年1月15日天津解放，市人民政府接管旧工务局，沿袭原有建制成立市人民政府工务局，主管天津市区道路、桥梁、排水、园林、防洪等市政基础设施建设和养护管理工作，1955年又从河北省接管了全市干线公路管理职能。六十多年来，随着政府行政机构的不断改革调整，市工务局曾先后更名为建设局、市政工程局、市政公路管理局，名称虽多次变化，工作目标、任务和管理范围也在更新拓展，但始终承担着市政公路设施的规划、设计、建设和养护管理等职能。

天津解放后至改革开放前的近30年间，市政基础设施建设总体上实现了稳步发展。在城市道桥建设方面，打通道路瓶颈、卡口，拓宽主要干道，为工人新村和工业区修建配套道路，建成中心广场，不断完善市区路网，采用新技术、新工艺建造新型桥梁地道，逐步解决过河难、过铁路难的历史痼疾。在公路建设方面，新建改造国省干线，提高公路等级，修建大型桥梁。在排水建设方面，消灭臭河臭坑“四大害”，改善城市环境卫生；实施海河改造，建成防潮闸，实现“咸淡分家、清浊分流”，完善排水管网；建成水上公园等多处园林设施，完善了道路绿化；开工修建了国内第二条地铁。

改革开放以来，天津市委、市政

府十分重视市政公路建设，持续不断地加大资金投入，基础设施日臻完善，载体功能不断提高，城市面貌和市容环境发生了巨大变化。

在城市道桥设施建设方面，市区“三环十四射”干道系统基本形成，打破了百年来市区南北不畅、东西不通的旧道路网络格局。十一经路立交桥建成，结束了百年来市区道路被京山铁路阻隔的历史；大光明桥建成，使海河百年摆渡成为历史；中环线建成，成为市区第一条快速交通干道；快速路系统基本建成，完善了中心城区快速路网骨架；结合主干路网建设，数十座大型立交桥拔地而起；以海河综合开发改造为契机，新建改造了一批跨海河桥梁，既满足了交通功能，又打造了城市景观，成为天津城市的鲜明特色和亮点。

在公路设施建设方面，第一条环城公路外环线建成，将市区放射形干道同郊县公路网连成整体；以国内第一条具有国际标准的跨省市高速公路京津塘高速公路的建成通车为标志，展开了高速公路建设的历史新画卷，十多条高速公路现已编织成网；普通国省干线公路提级改造，全部实现了一级化；乡村公路加快发展，以宁河北岳庄桥竣工通车为标志，实现了全市村村通公路，以蓟县北部山区将路修到村民家门口为标志，天津市在全国率先实现了自然村村村通公路。

在排水设施建设方面，建成当时全国最大、具有国际先进水平的纪庄子、东郊等多座污水处理厂及再生水厂，百年城市“污龙”得到明显治理，城市有了第二水资源；市区二级河道全部得到改造，成为一条条亮丽的城市风景线；排水管网日趋完善，防汛排涝能力大大增强。

在轨道交通建设方面，在 20 世纪 80 年代实现地铁 1 号线 7.4 公里正式运营的基础上进行改扩建和新建，2006 年实现通车运营，随之 3 号线、2 号线、津滨轻轨及 9 号线也相继通车运营，其他线路按照规划正在实施建设过程中。

天津市政公路事业走上发展较快、变化较大、综合效益较好的良性发展轨道，其基本经验正如 1986 年夏，邓小平同志视察中环线道路工程时所言："改革，现代化科学技术，加上我们讲政治，威力就大多了。"

《天津市政记忆》这套书，图文并茂地展示了天津市政一甲子的发展历程，重点反映了改革开放以来市政公路建设取得的辉煌成就。追忆跨过的历史脚步，目的是激励来者。让我们踏着前驱的脚印，继续前行，为进一步完善城市功能、增进民生福祉做出新的更大贡献！

胡晓枢

二〇一六年六月

# 目录

CONTENTS


## 第一篇　1949—1977 年市政公路养护管理　/　001

### 第一章　城市道路养护管理　/　003

一、城市道路养管机构　/　003

二、城市道路养护　/　003

三、城市道路管理　/　014

### 第二章　城市桥梁养护管理　/　015

一、城市桥梁养管机构　/　015

二、天津解放前留存的桥梁　/　016

三、桥梁维修　/　020

四、桥梁管理　/　022

### 第三章　公路养护与路政管理　/　023

一、公路养管机构　/　023

二、公路养护　/　024

三、公路路政管理　/　028

四、公路养路费的征收与管理　/　028

**第四章　排水养护管理　/　029**

一、城市排水养管机构　/　029

二、管网养护与泵站运行维修　/　029

三、雨季排水　/　031

四、排水设施管理　/　032

**第五章　城市防洪设施养护管理　/　033**

**第二篇　1978—2014 年市政公路养护管理　/　035**

**第一章　城市道路养护管理　/　037**

一、城市道路养管机构　/　037

二、道路整修改造工程　/　037

三、城市道路桥梁管理法规、规章及规范性文件　/　056

四、行政许可与审批　/　056

五、执法管理　/　056

六、社会产权设施监管　/　057

七、城市道路养护　/　057

**第二章　城市桥梁养护管理　/　061**

一、城市桥梁养管机构　/　061

二、城市桥梁养护维修 / 061

三、城市桥梁管理 / 061

四、城市桥梁整修改造及新建工程 / 062

**第三章 城市排水养护管理 / 109**

一、城市排水养管机构 / 109

二、排水设施管理 / 110

三、雨季防汛排水 / 110

四、排水设施养护 / 112

五、实施“碧水工程”——市区排水河道改造 / 115

**第四章 公路养护管理 / 127**

一、公路管理机构 / 127

二、高速公路管理 / 128

三、规费征稽 / 129

四、公路管理 / 130

五、公路养护维修 / 134

六、通过天津的国道划定 / 137

七、国道干线通过改建全部达到一级化 / 138

八、市级重要干线全部改建和新建为二级以上高等级公路 / 145

九、实施公路交通设施及安保工程 / 154

十、乡村公路建设 / 156

**第五章　公路建设市场管理　/　161**

**第六章　提升养管工作科技含量推进信息化建设　/　163**

一、依托现代化设备为市政公路科技进步提供技术支撑　/　163

二、推进信息化建设，提高市政公路运行效率和服务水平　/　167

**第七章　天津解放后 60 多年特别是改革开放以来市政公路行业取得的辉煌成就　/　172**

一、市政公路设施　/　172

二、人才工程　/　173

三、市政公路工程建设　/　174

**跋　/　175**

THE
FIRST
CHAPTER

# 第一篇
# 1949—1977 年市政公路养护管理

TIANJIN MUNICIPAL
MEMORY
天津市政记忆

# 本篇概述

INTRODUCTORY

市政设施的养管与建设同等重要，养好管好、延长设施使用寿命，防止人为损坏和违章使用，才能充分发挥投资效益，保证设施的正常运行。天津解放至改革开放前的近30年间，随着新建设施的逐步增加，市政设施养管工作不断加强。本着为工农业生产服务、为人民生活服务的宗旨，市政工程局形成了“基建和养护并重”“管、养、修一起抓”“全面养护，重点改善”以及专业管理和群众管理相结合等一系列正确方针，在体制上，将新建和养管分开，各项设施的养护管理逐步走向专业化；将一部分养管工作下放给区县，实行两级养护、三级管理。养护施工逐步改变手工操作，实现半机械化，20世纪70年代初步实现机械化。养护管理做到经常化、制度化，维修质量和管理水平逐年提高，路况、桥况和排水状况不断改善，充分发挥了现有设施的服务功能。

在市政设施管理方面，市政府于1949年就颁布了有关市政管理的各项法规，以后经多次修订，逐步完善。20世纪50年代至60年代初工作重点是设施养护，各项设施管得较好；1966—1976年，随意占压、损坏、刨掘和违章使用设施现象十分严重。1979年以后，市政设施管理不断加强，设施管理工作重新步入经常化、制度化、规范化轨道，养管服务水平不断提升。

# 第一章　城市道路养护管理

## 一、城市道路养管机构

1949 年天津解放初期，城市道路养护管理沿袭旧制，由天津市人民政府工务局统管。1950 年 1 月，工务局成立养护总段，下设 11 个分段，分别负责当时 11 个区的道路养管工作，同年 8 月，各区成立建设科，局将各养护分段划归各区建设科领导，由局负责高级路面的养管，区负责低级路面的养管。1952 年，市局成立养护管理处，主管道桥养护管理，负责高级路面的大、中、小修。1958 年，各区建设科改为城建局，下设道路队；市局的养护管理处改组为市政工程管理处，将高级路面的小修养护下放给区城建局。1977 年，市政工程管理处改称道路桥梁管理处，将市区 94 条干线的小修划归市局。道路管理方面，按市管道路和区管道路的划分，由市道桥管理处和各区市政局分别负责。

## 二、城市道路养护

城市道路的养护维修，按照“全面养护，加强管理，积极改善，稳步提高”的方针，要求做到“养早、养小、养好”，以延长道路使用年限，使道路经常保持完好状态。

1. 国民经济恢复和“一五”时期的道路养护维修

1949 年年底，天津市区道路 253 万平方米中，炒油路、水泥混凝土路、泼油路等铺装路面为 163 万平方米，占 64.4%，碴石路、炉灰路、土路占

35.5%。泼油路多已龟裂，碴石路多已松散。天津解放后修建的第一条重要道路，是将南马路、北马路由泼油路改建为炒油路。

这一时期的道路养护维修，对高级路面主要是：春融时处理翻浆，沥青路夏天撒沙，平时修补坑洞，冬天用沥青油浇补路缝。旧英、法租界区的沥青路多为砖基，春融时翻浆面积较大，夏季泛油严重，须组织力量进行抢修。土路、炉灰路等雨后大多被压出坑槽，一年需要整修两三次。各区组织起以工代赈养路队，利用各工厂的炉灰，加铺在土路和炉灰路上，然后用20多人拉的大铁轴压实。现在大修一条宽30米、长1000米的道路，采用机械化施工，一般只需两个月即可完成，20世纪50年代时除了要派出几百个工人施工外，工期最短也要半年时间，有的甚至要到第2年才能完工。

当时养护机具十分缺乏。全局养护机具仅有压路机13台，汽车5部，水泥混凝土搅拌机1台。高级路面养护，熬油、炒油和泼油以及除碾压外的其他工序，均为人工操作，烟熏火燎污染环境，既给工人身体健康带来危害，劳动强度也大，工作十分艰苦。熬沥青油和拌和沥青混凝土均为现场作业，黑烟滚滚，气味难闻，环境污染十分严重。市政工人们编了一句顺口溜：“市政工人三件宝：铁锨、洋镐、破棉袄”，形象地反映了当时道路工程施工操作的落后面貌。

为了改变养护施工手工操作的状况，市政工程局干部职工积极探索技术革新，改进养护工具和操作方法。水泥混凝土路面养护方面，1950年市工务局铁木加工厂开始生产400公升滚筒式水泥混凝土搅拌机，首先用于六纬路工程；1951年开始采用水泥混凝土振捣器，代替以前的木夯夯实。但沥青路面仍然采取在现场用人工炒油和熬油的老办法进行维修。

▲ 石夯路基

▲ 人工洒沥青油

▲ 老式喷油机喷洒沥青油

▲ 筛细料

▲ 轱辘马运土方

▲ 起油皮

▲ 油喷子作业

▲ 20世纪50年代初北马路

▲ 天津解放后首台蒸汽压路机

▲ 人工铺碴石

▲ 熬油锅

▲ 河东区六纬路

▲ 20 世纪 50 年代初解放北路

▲ 整修后的马场道

▲ 20 世纪 50 年代东马路

▲ 1954 年的成都道（正在建设人民体育馆）

2.“二五”和国民经济调整时期，天津市区道路养护工作发生了较大变化

这一时期，经过每年的翻修、提级，土路、炉灰路、碴石路大大减少，高级路面比例逐渐增加。1962—1965 年，按照中央提出的市政建设“管养并重、防修结合”“小修为主，大中小修结合”和“全面养护、重点改善”的要求，一方面集中成片地翻修、改造干线道路和年久失修的住宅区道路，1963—1965 年，将 100 万平方米的低级路面翻修为高级路面，使高级路面的比例由占道路总面积的 57% 增加到 76%；另一方面，大力加强高级路面的维修，维修率最高达到 30%，一些多年没有修补过的路都修补好了，市区道路路况有了明显改善。

这一时期，天津市市政工程局积极开展技术革新，施工效率不断提高，操作条件逐步改善。1958 年，市政工程局在尖山建立沥青加工厂，同年自制大批手推车，结束了用扁担抬土运料的历史。1960 年实现水泥混凝土路面施工机械“一条龙”，国家城建总局在京塘公路天津段工地召开现场会予以推广。20 世纪 60 年代初道路维修开始用小型风镐破路、小型喷油机喷洒沥青。1963 年在国内率先以拖拉机牵引三铧犁和缺口圆盘耙拌和灰土和破碎石块，用自动平地机找平。又改进工艺，取消了筛石灰工序，石灰土基层施工实现机械化。1964 年，市政一公司将解放牌翻斗车改成粒料撒布车，用于沥青洒布。1965 年，天津市市政工程公司制成我国第一台 4 吨（1976 年提升为 8 吨）沥青混凝土摊铺机，使沥青混凝土摊铺机械化。同年提出道路小修实现“三放下”，即放下人工炒油、放下熬油锅、小修小补放下汽碾，市政职工研制了移动式炒油机、滴油管加温罐和振动夯板等养护机具，实现了“三放下”，并试制成功国内首台胶轮压路机。

老式压路机在施工

道路基础机械施工

市政工程公司自制第一台4吨沥青混凝土摊铺机

▲ 20 世纪 50 年代末承德道

▶ 20 世纪 50 年代末大胡同

▶ 20 世纪 50 年代劝业场滨江道

3.1966—1976 年道路养护维修

1966—1976 年，天津市市政工程局干部职工在市政建设不被重视、资金短缺的情况下，尽力保持设施完好，不断提高养护工作的机械化水平。到 20 世纪 60 年代末，天津市沥青路面施工机械化程度已居国内领先地位。进入 70 年代后，市政机械厂成批生产一吨机动翻斗车代替人拉小车，使近距离运输实现机械化；同时采用推土机、铲运机和翻斗汽车挖运土方，使土方工序改为机械化施工。1976 年，市政工程公司制成 8 吨沥青混凝土摊铺机，沥青混凝土的拌和、摊铺、碾压实现了机械化。沥青混凝土拌和采用圆盘秤光电控制，用电磁阀气动开关、红外线测温，皮带运输机传送砂石料，用空压机风送石粉等较先进的设备，使炒油实现了机械化、连续化，产量不断提高。

▲ 老式沥青混合料摊铺机

▲ 老式压路机

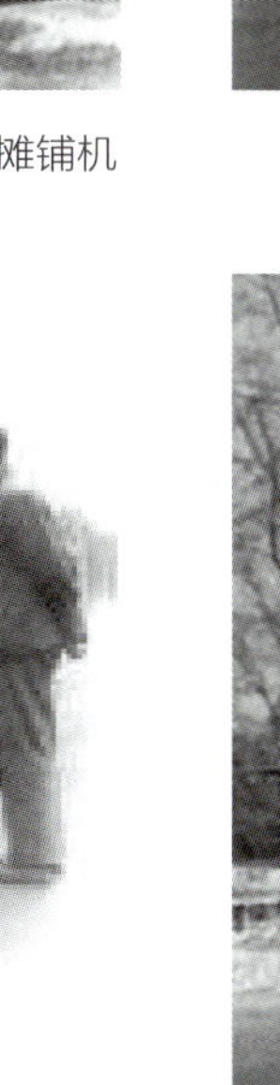

▲ 铺油施工耙子找平

▲ 1966 年贵州路

▶ 1967 年承德道

▶ 解放南路

▶ 浙江路小白楼

◀ 1972 年天津街景

◀ 大理道

◀ 重庆道云南路口

## 三、城市道路管理

天津解放后市政管理部门先后颁布了一系列市政道路管理规范性文件。1949 年 4 月，天津市工务局颁布了《工务局管理因工刨路暂行规则》《市民自修道路规定》；1950 年公布《天津市公有设施损坏修复办法》；1951 年，天津市建设局制订《养护道桥实施办法》；1953 年，天津市人民政府公布《天津市施工占用人行道暂行管理办法》《市政工程局与各郊区对道桥修建及养护工作分工的决定》等。1959 年，天津市人民委员会颁布了《天津市道路桥梁管理暂行规则》。

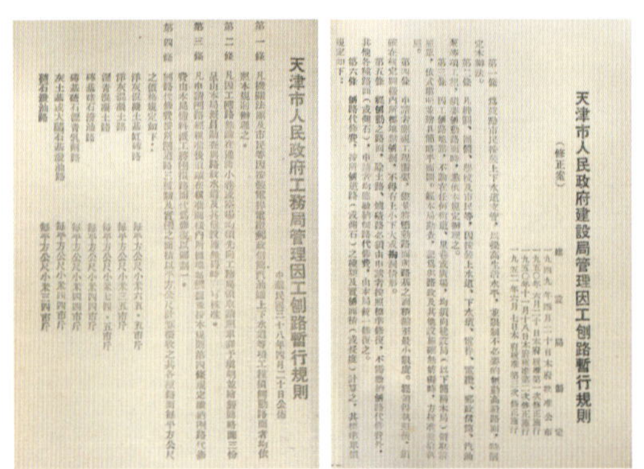

天津市人民政府工務局管理因工刨路暫行規則

天津市人民政府建設局管理因工刨路暫行規則

（修正案）

▲▲ 天津市人民政府工务局管理因工刨路暂行规则

▲ 1976 年地震后南京路搭满抗震棚

天津市政府成立了街道管理委员会，发动群众取缔了一批占压道路、阻碍交通的违章建筑，并将流动摊贩归入市场，市容面貌逐渐改观。20 世纪 50 年代后期，由于生产发展和人口膨胀，而厂房和住宅面积没有增加等原因，占用马路和人行道搭建仓库、车间、厨房以及堆料堆物等情况不断发生。为此，天津市人大修订和重新颁布了《市区道路桥梁管理暂行规则》，加强管理工作，开展了几次整顿，使占压和人为损坏各项设施的现象得到控制并趋于减少。

1966—1976 年，管理工作削弱，违章占压和人为损坏现象异常严重，道路被占压面积达 110 万平方米，占道路总面积的 15.7%，其中唐山大地震后所搭临建棚占压道路约 36 万平方米。道路损坏现象也十分严重，尤其是履带车上路，未经批准就破路，在马路上拌和混凝土等现象十分突出，仅和平区在 1966—1976 年间因在马路上和灰而留下的水泥疙瘩就达 130 多处，分布在 68 条路上，面积达 1.33 万平方米。针对这些问题，改革开放以后，市政管理部门强化管理，进行了拨乱反正。

# 第二章 城市桥梁养护管理

## 一、城市桥梁养管机构

1949年，天津市区桥梁养管工作由市工务局所属6个工程处分片负责。1950年天津市建设局成立养护总段，下设11个养护分段，分别负责市区道路桥梁的养护维修。1950年8月，各养护分段划归各区城建科领导，改称养护队；市建设局负责钢桥、钢筋混凝土桥的维修管理，各区养护队负责木桥的维修管理。1958年年底，市区桥梁养护和管理工作全部由市建设局负责。1960年市建设局所属市政工程管理处设桥梁管理所，专门负责市区桥梁的维修管理，桥梁管理所成立初期由80多名职工组成，负责90余座桥梁的养护维修，是全国同行业中第一个对桥梁实施专业养护管理的单位。

## 二、天津解放前留存的桥梁

▲ 大红桥

▲ 解放桥

▲ 金钢桥

◀ 金汤桥

◀ 金钟桥

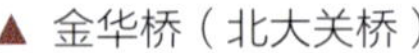

▲ 金华桥（北大关桥）

▲ 河东老地道

▲ 墙子河鞍山道桥

墙子河耀华桥

北站老地道

20 世纪 50 年代挂甲寺渡口

## 三、桥梁维修

1953 年以前，天津市桥梁养护只有 25 名工人，以维修木桥为主。钢桥的养护，大部分招商承包。1960 年成立天津市桥梁管理所后，承担全部桥梁养护任务，采取大、中修集中力量，小修分片包干的办法。对解放桥和刘庄浮桥则各设专业小组负责维修管理。

1. 钢桥养护

天津市区几座旧钢桥，属于超龄使用，主要靠加强养护以延长使用年限。除锈和油饰是保护钢桥的重要措施之一。自 1964 年采用喷砂除锈的养护工艺以后，提高了养护质量，市区 5 座旧钢桥，3 ~ 5 年油饰一次。1964 年，桥管所在金华桥做完试验后，完成了解放桥的喷砂除锈、油饰工程。1965 年发现大红桥右岸桥台位移，墩台出现裂缝，立即采取在主墩四周抛填铅丝石笼，将墩、台用钢筋混凝土环包，并矫正支座，使位移和裂缝不再发展。1967 年，桥管所组织了对金钢桥等钢结构桥梁进行测绘，完善了图纸资料，同时对桥梁进行动、静荷载试验等检测工作，并在此基础上对金钢桥进行了喷砂除锈、油饰、支座保养等维修。

▲ 人工立扒杆

▲ 打脚手桩

2. 钢筋混凝土桥和地道养护

钢筋混凝土桥养护主要是及时修补混凝土裂缝，维修和更换桥面铺装，及时修理桥梁和地道的照明。1983 年以前，针对桥梁和地道照明不断发生故障的情况，专门研究了解决措施，设专业组定期巡查维护，使亮灯率达到 95% 以上。

3. 桥梁抗震加固

1976 年唐山地震以前，天津市政工程局对红星桥、京津桥、勤俭桥、咸阳桥等 7 座桥梁做了抗震加固和设防，使这些桥梁在大地震中经受住了考验。震后又对市区干道和出入口的 27 座桥梁做了抗震加固和设防，按地震烈度 8 度考虑，主要是防止落梁。

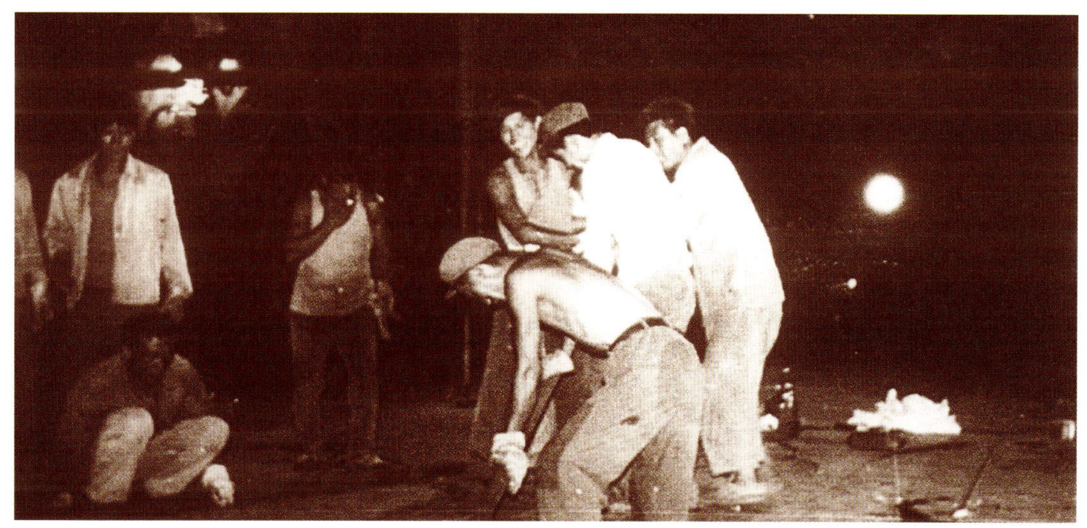

▲ 桥面整修

▲ 安装节日彩灯

## 四、桥梁管理

桥梁管理的任务，主要是防止人为损坏，审批和监护大件运输超载过桥，以及定期调查桥口交通量和观测梁底高程等。天津市道桥处桥管所设专职管理人员，其中解放桥、金钢桥、刘庄浮桥等重点桥梁，日夜有专人看管，其他桥梁除了由养护班组负责检查外，还设桥巡员负责巡回检查，另设专人审批大件过桥。20世纪60年代初，由于货运车辆及其载重量的不断增加，超载过桥管理工作越来越繁重。为保证桥梁安全，1962年对市区、郊区六十多座旧桥进行验算，确定限载，严格控制。超过限载时，采取在桥面临时铺设钢梁和木板等措施，由桥管人员监护过桥，必要时在审批前重新进行验算。由于严格管理，既保证了交通运输，又防止了事故的发生。

▲ 油饰维修后的解放桥

▲ 20世纪50年代初重修后的胜利桥（今北安桥）

# 第三章　公路养护与路政管理

## 一、公路养管机构

1949年天津市辖区只有市区和塘沽区，市区公路由市工务局负责，塘沽区公路由市工务局塘大工程处负责（1951年改称塘沽区市政建设管理处）。1955年河北省将原天津县境的津沽、津德、津盐和津同4条公路移交天津市，由市属东、南、西、北4个郊区管理，业务上接受市政工程局领导。

京塘国道的管、养、建工作，交通部公路总局于1950年设立京塘国道管理段；1951年将管理段移交河北省交通厅，改称河北省交通厅京塘国道管理局。1958年河北省交通厅撤销京塘国道管理局，将京塘国道按行政界限分别移交给北京市、天津专区和天津市。天津市接管从汉沟经天津市区至塘沽区河北路的京塘南段，由天津市建设局养护管理处负责。

天津市建设局为加强管理，于1963年3月1日组建天津市建设局郊区公路管理处，统筹天津市郊区公路养护管理工作。该处下设3个直属管理所（1965年增至4个），除负责郊区干线公路管理外，并指导4个郊区和塘沽、汉沽、大港共7个区的区级公路养管工作。

1966年后，公路机构变动频繁。1970年，市建设局郊区公路管理处并入局属市政工程管理处。1973年河北省蓟县、宝坻、武清、宁河、静海5县划归天津市，5县公路建设于1974年1月起纳入天津市公路计划。

1976年2月，市市政工程局重建公路管理处，统筹负责全市公路的规划、修建、养护、管理和公路养路费征收等工作。

## 二、公路养护

新中国成立以来，天津的公路维修和养护管理，随着公路事业的发展，从季节普修到经常养护，从发动群众到设置专业队伍，从人工操作到使用机械，经历了一个不断发展、壮大、改善、提高的过程。建国初期，除京塘国道设 8 个道班，有专业养路工人 76 名外，其他路线均无专业养护队伍。“一五”计划以后，根据交通部“以养好路面为中心”和“通过养护分期改善，逐步提高使用质量”的方针，逐步建立起了专业养管队伍，加强了公路的维护和管理，但在 1958 年“大跃进”、公社化形势下，除京塘国道外，其他公路又处于无人养管状态。1962 年，中共中央、国务院颁发《关于加强公路养护和管理工作的指示》和交通部制定《关于公路养护和管理工作的若干规定》（试行草案）后，各郊区、县陆续恢复养路工区和道班。到 1962 年年底，全市共有养路道班 56 个，1965 年好路率创 1949 年以来最好水平。1966 年后，各县养路道班工人大部分下放到公社、大队，致使公路失修、失养现象非常严重。直到 1972 年，养路工人才陆续归队，市公路处的 4 个直属管理所也陆续恢复原有道班。1975 年，贯彻交通部颁发的《公路养护暂行规定》，天津市公路专业养路道班增加到 160 多个，由天津市公路处下达年度养路指标和养路投资计划，每年组织两次全市公路养护质量检查评比。

建国初期，公路养护工作条件很差，只有铁锹、铁镐、熬油锅、铁板等手工操作工具。挖补高级路面时，将沥青油在油锅中加热后，与砂子、石料在铁板上拌和，铺入坑槽，用小火碾压实。路基和低级路面的碾压，大多是自然碾压，或用 20 多人拉的水泥碾子。生活条件

▲ 手工操作工具

▲ 熬油锅

也很艰苦，养路工人自带行李，吃住都在道班里。在极其简陋的条件下，养路工人发扬艰苦奋斗精神，使全市公路路况得到改善。20 世纪 60 年代初，开始使用一些养护路面的施工机械，如三轮卸料车、洒水车、喷雾车、沥青保温车等。1967 年，公路施工开始采用沥青拌和法铺筑路面。

到 1974 年，全市公路列养里程已超过 3000 公里，铺装路面所占比例也已超过 50%，靠手工操作养护已经越来越不适应。随着养路费收入的不断增加，四郊五县公路管理机构陆续添置了一批养路机具，如汽碾、铲车、拖拉机、推土机、找平机、翻斗车等，提高了养护效率，公路路况开始好转和提高。

▲ 压路碾子

▲ 以工代赈修路

▲ 旧式找平机

▲ 20 世纪 70 年代公路施工

▲ 使用自制摊铺机修路

▶ 在国内率先使用农机拌和石灰土

▶ 沥青混凝土拌和厂

▲ 20 世纪 70 年代初步实现公路施工机械化

▲ 实验室检测混凝土样品

▲ 老道班

▲ 曹辛庄道班

## 三、公路路政管理

自 1962 年起，天津市公路道班开始设路巡员。1963 年 3 月，天津市郊区公路管理处成立后，明确各公路管理所所长及技术员兼管路政工作。1964 年天津市人大颁布了《天津郊区公路管理暂行实施细则》，市公路处各管理所和养护队均设专职路政员，各道班班长兼路巡员，开始对违章占路和毁树问题进行处理。

## 四、公路养路费的征收与管理

国家规定养路费征收和使用的原则是：取之于路，用之于路，以路养路，专款专用。

1949—1958 年，天津市境内的公路养路费征收工作由河北省、天津市、原通县专员公署和京塘国道管理局分别征收。1958 年京塘国道管理局撤销，京塘国道分成 3 段，从汉沟至塘沽段及忠孝门、中山门、塘沽 3 个管理站移交天津市建设局，由建设局在上述 3 个管理站继续征收养路费。从 1962 年 2 月 1 日起，统交由主管天津专区公路的天津市交通运输管理局接管征收。

1970 年 4 月 1 日，天津市建设局接管河北省在天津市郊的养路费征收工作，组建公路管理总站，总站下设忠孝门、中山门、塘沽、汉沽、灰堆、李七庄、西横堤、杨柳青、大同门、民权门和北大港 11 个分站。1973 年原属河北省的蓟县、宝坻、武清、宁河和静海划入天津市，1974 年 1 月起，上述各县养路费征收站纳入天津市市政工程局公路管理总站系列。1976 年 2 月，市政工程局重建市公路处，公路管理总站转归公路处，所收养路费按照市领导决定，按月上缴市财政局；支出使用仍根据上报市建委批准下达的年度公路建设、养护投资计划，分期申请拨款。1984 年起，所收公路养路费改为由天津市市政工程局掌握。

# 第四章　排水养护管理

## 一、城市排水养管机构

1949 年天津解放后，排水设施的养护管理仍沿袭旧制，由天津市工务局主管。1950 年排水设施养管工作划归市卫生工程局，1952 年归天津市市政工程局养护管理处主管。1954 年市政工程局把下水道养管工作下放各区城建科；1962 年，局成立排水管理处，1966 年将下水道养管工作从区收回，由排水管理处成立 4 个排水队，负责下水道、泵站、河道的养护管理，以后又成立第五和第六排水队，并将排水队改称排水管理所。

## 二、管网养护与泵站运行维修

为保证市区排水畅通，排水管道和检查井、收水井须定期疏通和掏挖淤泥，泵站须做好运行调度和检修机组。下水道管网养护采取分片负责制。天津市排水管理处下设 6 个排水管理所，共设 52 个通挖班组。疏通干管基本采用绞关疏通和水力冲沟两种工艺，挖井掏泥则以人工为主。下水道干道养护以畅通率为主要考核指标，管道淤泥厚度小于管径 20% 的称为一级管道，要求一级管道占管网总长的 90% 以上。对检查井、雨水井及其他附属设施的养护维修，也设有质量标准。

建国初期，下水道养护基本上是手工操作，用竹片和手摇绞关通沟，用大勺挖泥，既脏又累，每个工日只能疏通下水道 10 米左右，工人们描述当时的工作状况是：大勺掏挖不轻松，竹片通沟舞长龙，摇车人少摇不动，人工操作太笨重。20 世纪 60 年代初，排水养护掀起“放下竹片、放下大勺”的技术革新热潮，试制成多种牵引器代替竹片，用自制真空吸泥车代替大勺，用机动绞车代替手摇绞关，并开始用污水自冲法疏通管道，效果良好。1968 年排管处将汽油机改装成可移动式机动绞车，代替了手摇绞车通沟。60 年代末期，排水施工，下水道挖还土逐步实现机械化，并研制成功激光自动纠偏的顶管机，开发了半明开顶管施工，一次顶进长达 110 米。

天津市泵站管理所统一负责市区 100 多个排水泵站的运行管理和养护维修。采用“修管合一”制，即作业小组既负责机组运行，又负责水泵机组的日常养护和中、小修。泵站运行操作已基本实现启闭机组一步化。对于泵站机组完好率，要求平时达到 85%，汛期达到 98%。除日常养管工作外，排水管理处每年安排一些排水设施的维修、翻修和技术改造工程。

▲ 可移动式排水掏挖绞车

▲ 复兴门泵站排水大泵

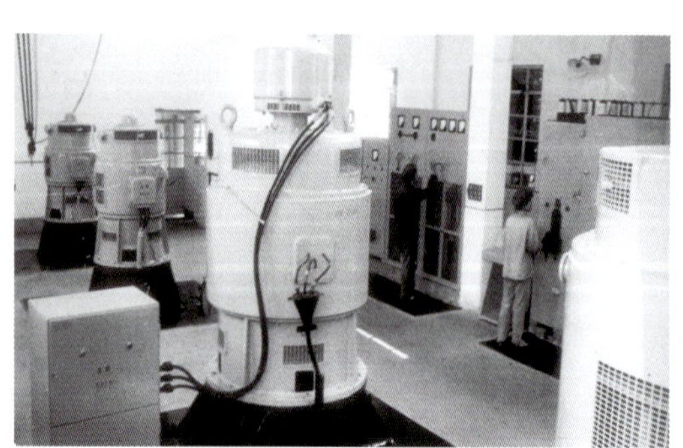

▲ 泵站内部

▲ 排水养护宣传画册

## 三、雨季排水

为了防止汛期雨后积水，天津市排水管理处在市防汛指挥部统一安排下，采取了以下措施：

第一，汛前彻底疏通下水道和掏挖检查井、收水井。使一级管道率达到95%以上；全面检修泵站机组，使机组完好率达到98%以上。同时有计划地逐年疏浚二级河道，提高其过水和蓄水能力。对于那些缺乏排水设施的地区，每年利用养护费修建一批小型或半永久性工程，如开挖明沟，接修少量排水管，增建收水井等，使排水状况得到改善。

第二，汛前在低洼及沿河地区安装一批临时泵站，加强汛期抽排能力，汛后撤回。

第三，加强汛期排水调度。雨前实行“两腾空”，即降低二级河道水位和腾空排水管道，使之在雨后起到蓄水和排水两种作用。同时组成汛期排水总调度室，加强排水的统一调度和指挥。

第四，每年入汛后，市排水部门职工不论黑天白夜，遇雨及时上岗，“雨声就是命令”。泵站、管道、河道等方面联合作战，降雨不停，积水不退，人不离岗。

## 四、排水设施管理

建国初期，天津市人民政府先后颁布了《管理下水道暂行规则》《天津市河道管理规则》等新规章；天津市工务局制订了掏挖化粪井、疏浚下水道、修接下水道等规则；天津市卫生工程局制订了管理修接下水道及掏挖化粪井规则；天津市政工程局颁布了墙子河管理规定等。

### 天津市管理下水道暂行规則

天津市建設局1956年5月15日修訂施行
1956年5月4日报市人民委員会备案

第一章 总 則

第一条 下水道为構成城市建設的不可缺少的主要一环，为發揮下水道最大效能，便利市民使用，保障市民健康，特制定本規則。

第二条 下水道为公共財物之一部份，为了維护公共財物，保証雨水污水順利宣泄，凡本市市民都应加以爱护。其綜合管理由建設局掌握；直接管理工作由各区人民委員会負責。

第二章 管理下水道的規定

第三条 凡欲新裝下水道者应遵守下列事項：

1.埋裝支管以衔接干溝或檢查井为原則，但附近有支管者必須接入附近已有支管內。雨水井除特殊情况外不得衔接，分流制地区应將雨、污水管分别衔接。

2.支管管徑視排水需要而定，一般应小于干溝三分之一。

3.住戶傾泄污水，其污水井口应設有細箆，井底設有臥泥設备，排除糞便应有化糞井設备（特殊情形者例外）。

4.公用污水池应設于僻靜而不碍交通地点，并需备有池蓋池箆，且应由附近使用人負清洗之責，如附帶排泄雨水应裝置水箆。

5.工業廢水及公共場所之污水应視其排水性質，裝置足以控制該項廢水在經过处理設备后，不影响干溝

### 天津市人民政府市政工程局關於管理墻子河的通告

一九五四年七月二日市府批准
一九五四年七月十六日公佈

本市墻子河，昔因匯集污水，致形成臭河，影響環境衛生很大。爰經一九五三、五四兩年陸續修建污水截流管等工程，旨在根本改善墻子河。並且計劃在河岸開闢綠地，以供市民遊憩。但爲徹底保證該河河水潔淨，還必須根絕該河沿岸所有可能汚染河水的一切因素。茲特擬訂管理墻子河暫行規則，凡現有情況在條文內取締糾正之列者，在本辦法公佈兩星期內進行登記（登記地點在各該管區區政府），分別自行處理。除已呈奉天津市人民政府批准外，特此通告週知。

### 天津市人民政府市政工程局管理墻子河暫行規則

第一條 爲保持墻子河（自南運河三元村經西營門、謁兜、海光寺橋至海河）兩岸整潔，河水不受污染，特制定本辦法。

第二條 該河兩岸劃定範圍內（三元村至海光寺段以河坡及堤頂爲界；海光寺至海河段以馬路側石，如無側石以坡上已有非違章建築物爲界），除經同意保留之必要公共建築物外，一概不許佔用或堆放任何物品。

第三條 凡污水、垃圾、積雪及一切雜物，一概不准傾倒河內；更不得在河內冲洗污物和下河捕魚（釣魚例外）。

### 天津市河道管理規則

天津市人民委員会制定
一九五五年四月十四日公佈

一、總則

第一条 为了維護本市各河道的水利設施，鞏固河防，保証汛期安全，特制定「天津市河道管理規則」（以下簡称本規則）。

第二条 本市主要河道（包括南运河、北运河、子牙河、新開河、金鐘河、衛津河、月牙河、海河—港區以外部分—及馬廠減河）的管理整修，悉依本規則办理。

第三条 河道兩側距河岸綫三十公尺以內區域，为本規則管理範圍。其尙未確定河岸綫处，暫依

### 天津市人民政府工務局掏挖化糞井暫行規則

中華民國三十八年四月二十日公佈

第一條 凡本市市民或機關申請掏挖化糞井內淤泥穢物悉依本規則辦理之。

第二條 市民或機關如遇其使用之化糞井淤滿或阻塞時須向工務局（以下簡稱本局）領取申請書詳予填明請求派工掏挖。

第三條 本局依據申請書內所塡化糞井之地點號數查明井之尺度並計算其體積及應繳費用。

第四條 上項掏挖費依照井之體積以立方公尺計算每方公尺六市斤（約普通工一工之代價）之市價折合徵收之。

第五條 如化糞井已逾一年未經掏挖或雖未及一年然已至必須掏挖程度時本局得通知予以掏挖其費用

▲▲▲▲ 市政府和市政主管部门颁布的行政法规和规章

# 第五章　城市防洪设施养护管理

1949 年天津解放后，市人民政府鉴于天津历史上常受洪涝灾害，即于汛前组成天津市防汛委员会(防汛指挥部)，统一指挥汛期抗洪抢险和调度工作。有关汛前汛后市区防洪设施的修建和养管工作，由天津市水利处负责。1952 年水利处撤销，其业务归天津市政工程局（建设局）负责。1979 年天津市成立根治海河防汛指挥部，内设市区组，由市政工程局局长兼任市区组长。1981 年市区组改为市区分部，仍由市政工程局负责，分部在市排水管理处设办公室，由该处负责日常工作。市内 6 个区防汛指挥所的防汛排水工作由市区分部统一协调。

1963 年以前，天津市区的防洪任务，主要是协同外围地区抗御上游来洪，防止洪水冲决泄洪河道的堤防、岸壁，以及防止市区内涝成灾。天津市区地面高程一般低于河道洪水位，汛期河水高涨，地面雨水排放困难，暴雨时极易造成内涝，须通过排水管道和泵站排除雨后积水，没有雨水管道的地区，汛期须安排临时泵站。

1963 年以后，海河流域持续干旱，各河来水急剧减少，天津没有出现大的险情。在此情况下，市排水管理处的任务，主要是加强市区河道的护岸、堤埝、防水墙、闸门等防洪设施的维修管理工作，汛期及时抢修险工。

为掌握雨情、水情，天津市排水管理处在北运河北洋桥、子牙河大红桥、新开河耳闸、金汤桥、小刘庄等处设水位监测点；在丁字沽、长江道、解放北路、南京路、五马路、八里台、西南楼、赵沽里、王串场、十三经路等处设雨量纪录点。

1963 年大水以后，每年利用养护费对市区防洪设施进行重点维修，力求保持现有设施的功能。1950—1985 年，市区共修建永久性和半永久性护岸 28 公里，海河干流两岸，自金钢桥至杨庄子段都有了护岸。

▲▲ 海河护岸

THE
SECOND
CHAPTER

第二篇

# 1978—2014年市政公路养护管理

TIANJIN MUNICIPAL

MEMORY

天津市政记忆

# 本篇概述

INTRODUCTORY

2015 年 12 月，《中共中央、国务院关于改进城市管理工作的指导意见》中明确提出：“加强市政管理。市政公用设施建设完成后，应当及时将管理信息移交城市管理部门，并建立完备的城建档案，实现档案信息共享。加强市政公用设施管护工作，保障安全高效运行。加强城市道路管理，严格控制道路开挖或占用道路行为。”

改革开放以来，天津市政公路设施不断加快发展，新建设施迅猛增加，市政工程局坚持正确处理市政公路设施建、养、管之间的关系，大力纠正“重新建、轻养管”的倾向，不断加强设施养管工作，确保了设施完好，功能正常发挥。

2007 年 1 月，天津市委、市政府决定组建市政公路管理局，撤销市政工程局和市政工程总公司。这标志着局的工作重心由过去的建、养、管一体化转到强化行业管理职能，加强市政公路设施管理，不断提升设施管理和服务水平上来。市政公路管理局党委适时提出了“为人服务，为车服务，为经济和社会发展服务”“建设是发展，养护管理也是发展，而且是可持续发展”等行业理念，通过强化管理，落实职责，注重解决人民群众最现实、最关心、最直接的市政公路设施问题，推动了设施养护管理与建设的同步协调发展，市政公路公共服务水平实现了全面提升。

# 第一章 城市道路养护管理

## 一、城市道路养管机构

天津市道路桥梁管理处成立于1950年，是全额拨款事业单位，主要承担市管道路（含中心城区快速路）、桥梁、地道设施的养护维修；承担市管道路、桥梁的行政管理、路政管理工作；承担市管道路占路费、道路挖掘修路费等规费的收取管理；监管新建、扩建、改建道桥项目的规划建设过程；负责对城市桥梁设施进行定期检测及技术现状评定工作；参与城市道路桥梁专业规划的编制工作和行业管理规范性文件的制订及城市道路桥梁设施管理法规性文件的起草。道桥处下设3个道路管理所、2个桥梁管理所、2个快速路所，分别负责中心城区6个区的主要道路，已接收的中心城区快速路和桥梁地道等设施的养护管理。

## 二、道路整修改造工程

1.1997—1999年实施的重点改建和新建道路工程

(1)1997年实施了“八路二桥”拓宽改造工程。

“八路”即广东路、大沽南路、城厢东路、福安大街、荣业大街、广开四马路、南门外大街、丁字沽三号路。其中城厢东路为结合老城里改造新辟的道路；福安大街改造后成为沟通内环线、天津站的一条便捷的交通干线；广开四马路改造后提级为城市主干道。

▲ 南门外大街道路工程

◀ 广东路道路工程

◀ 城厢东路道路工程

(2)1998 年实施了“十二路五桥”拓宽改造工程。

“十二路”即新兆路、华龙道（原天善社大街和李地大街）、新广路（十字街）、小王庄大街（后更名天泰路）、黄纬路、西市大街、卫东路（平江道）、北门外大街、城厢中路、金钟河大街、友谊路延长线、广开四马路。

◀ 天泰路（原小王庄大街）

◀ 城厢中路道路工程

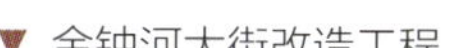

▼ 金钟河大街改造工程

(3)1999 年实施了“十路十桥”拓宽改造工程。

“十路”即丁字沽三号路、光荣道、先春路、律纬路、昆纬路、货场大街、郭庄子大街、友谊南路、南马路、金钟河大街。

▲ 昆纬路道路工程

▲ 友谊南路道路工程

2.2000 年实施和平路改造工程

改造工程共铺装路面 3.34 万平方米。中央设 8 米宽车行道，两侧各设 6 米宽人行道，人行道设有盲人导向触感石材。道路面层全部铺筑灰色花岗岩石材，第一次在道路上采用了条形收水沟槽排水方式。改造后的和平路成为建筑风格协调、行业齐全、配套合理、环境幽雅，集游览观光、购物休闲、餐饮娱乐为一体的商业步行街，改造后称“金街”。

▲▲ 改造后的和平路

▲ 卡口改造——十一经路六纬路口

▲ 卡口改造——鞍山道新兴路口

3.2001—2006 年实施道路卡口和旧路改造工程

中心城区“三环十四射”干道网骨架虽已基本形成，但缺少与主干道相匹配的次干道，一些道路存在着断头、卡口问题，难以形成网络；主干道处于超负荷状态，部分次干道、支路等级低，不能很好地为骨架路网系统疏导交通，造成部分路段交通拥挤不畅。为解决城市路网存在的突出矛盾和问题，提高城市道路的通达性，2002—2006 年，以解决道路交通瓶颈问题为重点，分五期实施了道路卡口和旧路改造工程，共改建道路 116 条，总长度 131.6 公里，占市区路网总长度的 11.5%。通过旧路改造工程和新建重点路段，路面由窄变宽，路面结构由弱变强，打通了断头路，解决了交通瓶颈问题，道路改造后通行能力较改造前平均提高 23%，同时相继形成了多条新的道路干线，路网得到不断完善。

▲ 旧路改造——南门外大街

▲ 旧路改造——永安道

▶ 旧路改造——微山路

▲ 旧路改造——白云路

旧路改造——水上东路

旧路改造——长江道

4.2007—2010 年结合迎奥运和市容环境综合整治整修一批城市干道

2007—2008 年全面展开 72 条迎奥运道路、桥梁整修工程，对 37 条火炬传递路线和南京路、解放北路及 31 条奥运场馆与服务场所连接线道路实施清理、建设、整修，使其形成 260 公里长、纵横交错、风格各异、环境优美的道路网络，展示了天津大都市风采。4 年间，共整修中心城区主干线 116 条（段），面积 1194 万平方米，占主干道总面积的 77.8%；整修桥梁（地道）117 座，占桥梁总数的 51.8%。2008—2014 年，天津市连续 7 年进行市容环境综合整治，共涉及整修城市道路 1200 条，覆盖了中心城区主次干道，道路环境面貌大大改观。

▲▲ 整修后的南京路

▲ 整修后的红旗南路

▲ 整修后的卫津路

▲ 整修后的乐园道

▲ 整修后的白堤路

▲ 整修后的围堤道

▲ 整修后的友谊南路

▶ 整修后的宾水道

▶ 整修后的马场道

▲ 整修后的大沽南路

▲ 天津站前广场路面铺装工程

▲ 整修后的小白楼地区道路

▲ 整修后的狮子林大街

▲ 整修后的成都道

▲ 外环线综合整修成果

5. 结合海河综合开发改造，整修两岸一批道路

2003—2008 年，对海河两岸景观带的 14 条总长 85 公里的道路进行了改造，包括东马路、北安道、大沽南路、解放北路等道路，新增道路面积 603 万平方米，其中海河东路 12.9 公里，海河西路 14.3 公里，两条路均加宽到 30 米，使金钢桥至海津大桥之间形成双向贯通，改善了沿河交通。

▲ 整修后的海河西路

▲ 整修后的解放北路

▲ 整修后的北安道

▲ 整修后的海河东路

6. 实施市区支路及里巷道路整修改造工程

支路和里巷道路是城市路网的“毛细血管”，直接贴近老百姓的生活。天津中心城区有支路数百条，里巷道路810万平方米。2007—2013年，天津市政公路管理局对870片730万平方米的里巷道路，191条169平方米的支线道路进行了整修，同时改造了43条土路，修成沥青混凝土路面。这项惠民工程的实施，改善了老百姓的居住环境与出行条件，促进了社会和谐，提升了景观效果。

▲ 整修后的支路润园路

◀ 整修后的常德道

▲ 整修后的支路天拖南晋宁道

▲ 整修后的支路河北区康健道

▶ 整修后的支路陵水道

▶ 里巷改造——河西区春光楼

▲ 里巷改造——河北区河润里

里巷改造——中江楼小区

里巷改造——和平区桂林里

在中心城区重要路口设置了百处二次过街安全岛，确保行人过路安全

## 三、城市道路桥梁管理法规、规章及规范性文件

1996 年国务院第 198 号令《城市道路管理条例》颁布实施。1981 年天津市政府修订颁布了《市区道路桥梁管理暂行办法》；1990 年市政府修订印发了《天津市市区道路桥梁管理规定》；1995 年市人大常委会通过并颁布了天津市第一部道路管理法规《天津市城市道路管理条例》，1997—2010 年先后 4 次进行修订。1991 年市政府颁布《关于调整市区临时占路收费标准和加强收费管理的通知》；2011 年市政府办公厅转发了市政公路管理局拟定的《天津市临时占用城市道路管理办法》；2012 年市政府办公厅转发了市政公路管理局拟定的《天津市城市道路管线井管理办法》；2013 年市政府颁布了《天津市城市道路桥梁设施保护规定》政府令。

天津市政工程局和市政公路管理局颁布的城市道路桥梁管理规范性文件有：1995 年颁布了《关于制发道路、桥梁设施损坏赔偿收费标准的通知》；1997 年颁布了《关于加强新建、改建、扩建道路掘路和冬季掘路管理的若干规定》；2001 年颁布了《关于审批因工掘动城市道路、公路的有关规定》《天津市管线通过城市桥梁管理办法》《天津市超重车辆通过城市桥梁管理办法》《关于制发超重车辆过桥损失补偿费标准》和《管线过桥损失补偿标准》；2010 年颁布了《天津市城市快速路管理规定》；2013 年颁布了《天津市超限运输车辆行驶城市道路管理办法》。

## 四、行政许可与审批

行政许可：依据 2004 年《天津市人民政府关于集中办理行政许可和行政审批事项的决定》，天津市道桥处实施行政许可事项 4 项：履带车、铁轮车或者超限车上路行驶审批；临时占用城市道路许可；依附城市道路建设管线、桥梁等设施许可；挖掘道路许可。

非行政许可：超重车辆通过城市桥梁许可；城市桥梁上架设备类市政管线审批。

2005 年，天津市道桥处安排专业人员进驻行政许可大厅，对行政许可事项和非行政许可审批事项进行专业服务集中审批。

## 五、执法管理

天津市道桥处下设 3 个道路管理所、2 个桥梁管理所、2 个快速路管理所。依据国务院颁布的《城市道路管理条例》

和《天津市城市道路管理条例》，对天津市快速路、城市主干路、部分重要的次干路以及全部（非企业产）桥梁实施执法管理，为市政设施养护、市民安全出行、车辆安全通行、经济发展做好服务。

执法管理内容为：道路监察与巡视；道路桥梁违章的督办；行政处理决定通知的审阅；违法行为案件立案、审查、申请强制执行以及结案工作；地名管理，根据《天津市地名管理条例》，行使道路、桥梁、地道资料汇总，对新建道路、桥梁、地道进行地名申报及管理。

## 六、社会产权设施监管

1. 社会产权城市道路监管

2012 年，开展了社会产权城市道路设施调查，组织实施了外环线以内社会产权城市道路（含街坊里巷路）核实标图工作，完成了电子图标注及数据库整理，为加强社会产权城市道路监管奠定了基础。

2. 城市道路管线井监管

2012 年市政府转发了市政公路局拟定的《天津市城市道路管线井管理办法》，制订了《实施细则》，对中心城区道路上的管线井权属信息进行核实确认，集中开展了城市道路无主管线井填盖专项行动，对无主路井进行公示后仍无法确认维护管理单位的路井进行填盖，及时消除了安全隐患。

## 七、城市道路养护

1. 道路养护维修

城市道路养护维修，按照“全面养护，积极改善，逐步提高”的方针，要求做到“养早、养小、养好”，以延长道路使用年限，使道路经常保持完好状态。

道路维修以小修为主，大、中、小

▲ 道路管线井调查核实

▲ 对经公示后仍无法确认产权单位的道路管线井实施填埋

修结合。维修养护的质量要求是：保持路面平整，路拱适度、行车顺适，人行道完好，标志完善鲜明。维修路面的内容，包括及时消除坑洞、裂缝、油包、松散、翻浆、沉陷和及时修复因工掘路。为了加强道路的维修养护，天津市道桥管理处于 1979 年制订《道路小修养护“五定五保”》《市区道路养护质量评分标准》等。“五定”是指定任务、定人员、定经费、定机具设备、定考核指标，要求年度道路小修率达到 5%，维修质量达到合格率和优质率指标。1985 年起，天津市道路桥梁管理处在“五定五保”的基础上，开始推行全优化管理，制订路桥养护管理全优化的“八项要求”，即：养护维修及时；养护维修质量达标；附属设施齐全完好；路况、桥况水平不断提高；养护维修施工文明；路桥管理依法守纪；信息反馈准确及时；实施科学化的养护对策。

依据 2010 年市政府颁布的《天津市城市管理规定》，城市道路和桥梁养护标准为：

(1) 机动车道路路面平整，无坑槽现象，路井平顺、无跳车现象，各类地下专业管线井盖齐全，无缺失和损毁。

(2) 非机动车道路路面平整，结构完好、无塌陷，侧石、缘石、树穴石顺直，无缺损，人行道花砖无塌陷，无缺损，棱角整齐，道路路名牌齐全、规范、清洁。

(3) 桥梁通行安全，设施完好，桥面无坑槽，桥头及伸缩缝无跳车现象，桥栏杆顺直，线形流畅，表面清洁。

(4) 桥梁景观照明、附属设施齐全整洁。

(5) 符合国家和天津市对市政公路的其他管理标准和要求。

2. 养护管理施工机械

▲ 补缝机

▲ 快速路小修养护

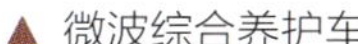
▲ 微波综合养护车

▲ 新型道路小修养护机具

1985 年引进联邦德国混合料摊铺机，最大摊铺宽度 12.5 米。1990 年引进弗格勒 1800 型摊铺机，摊铺能力达 200 吨 / 小时，均有自动熨平板高程控制器和自动横坡度自控横坡度控制装置，并通过架设金属基准线及大滑橇等装置，保证路面纵横度与平整度达到标准。到 20 世纪 80 年代后期，路面压实实现了优化组合，施工现场配有钢轮压路机、振动压路机、轮胎压路机、钢胶轮组合振动压路机等。到 2010 年，天津市道桥处养护管理施工机械器材台数达到 619 台。通过引进已经达到摊铺作业全部机械化，养护机械配置基本上实现了系列化、自动化、环保化、安全化、数字化和可持续化。道桥处拥有大型铣刨机、摊铺机、沥青洒布机、沥青混凝土拌和机、桁架式桥检车、微波综合养护车、静音空压机、静音发电机、高低空作业等一大批先进的道路桥梁养护施工机械设备，具备了 24 小时任何时段内都能作业的能力。

3. 道路养护技术创新

2003 年 8 月颁布实施《天津市城市道路养护技术规程》，2009 年进行修订；2007 年 5 月颁布实施《天津市城市快速路养护技术实施细则》。第一次在成都道路的旧路罩面工程中应用新型 SMA 改性沥青路面材料，采用石灰岩降低造价。2003 年，天津市道桥处拌和厂研制开发 MPE-10 型改性乳化沥青生产线，并采取可移动式、工厂化规模生产。在日常养护维修中应用乳化沥青代替结合油，节能降耗，减少污染。开发了彩色沥青、沥青路面冬季施工材料微表处理等技术。在道路小修养护中推广加热油锅，既环保又提高了施工效率。

4. 市区道桥养护工作获奖

1990 年国家建设部对 35 个城市的道路进行路况检查，天津市区道路桥梁综合完好率为 95.4%，行车道完好率为 90%，基本达到“道路通畅、设施齐全、无主要病害、路况完好”，总分名列第一，被国家建设部授予“全国城市道路设施检查良好单位”称号。

▲ 荣获全国城市道路设施检查良好单位

# 第二章 城市桥梁养护管理

## 一、城市桥梁养管机构

天津市道路桥梁管理处下设两个桥梁管理所，承担市区桥梁的养护维修和管理，负责巡视检查维护市区城市桥梁设施，保障城市桥梁完好和安全运行。2002 年，成立桥梁监测中心，负责解放桥等重要桥梁的检查。

## 二、城市桥梁养护维修

城市桥梁养护维修包括预防养护、早期养护、周期养护、全面养护、重点养护。根据桥梁技术状况及完好程度，分为保养、小修、中修、大修、加固或扩建工程 5 类。对大中修工程或重大项目施工前进行维修加固方案设计。1979 年开始对桥梁养护实行“五定五保”，即定任务、定人员、定经费、定机具设备、定考核指标，由班组针对“五定”提保证措施，收效良好。1987 年起，又开展了全优化养护管理，提高了养护质量。

## 三、城市桥梁管理

建立了天津市道路桥梁管理处信息中心，至 2010 年，陆续完成金钢桥、西河桥、富民桥、赤峰桥、国泰桥、南仓编组站跨线桥的桥梁健康监测系统，将 12 座特殊结构的既有桥梁列为监测对象。完成特殊桥梁空间结构模型信息系统的研究，以金钢桥、西河桥为试点建立模型，完成金钢桥、西河桥、八里台立交桥、赤峰桥、回升天桥 5 座桥梁的建模，并对整个系统的控制界面和信息管理功能进行了优化和改进。实施桥梁、地道的视频监控，在津湾地道安装6路摄像，在赤峰桥、富民桥各安装4路摄像装置，在金钢桥安装2路摄像装置。

开展桥梁建设前期工作。

制订技术规程。

## 四、城市桥梁整修改造及新建工程

1.1997—1999年重点桥梁改造及新建工程

(1)1997年实施了“八路二桥”工程。

新建“二桥”，即卫国道地道、天津站前后广场人行天桥。

卫国道地道

天津站前后广场人行天桥

(2)1998 年实施了“十二路五桥”工程。

改造及新建“五桥”工程，即京津桥、顺驰立交、迎水道地道、津汉立交、富民路（天钢）立交。

(3)1999 年实施了“十路十桥”工程。

改造及新建“十桥”，即北洋桥改造、金狮立交匝道、金钟河大街立交、金钟河大街地道、津北公路立交、张贵庄立交、友谊南路立交、友谊南路跨卫津河桥、津淄公路立交及外环线解放南路立交。其中，北洋桥由原宽 10 米拓宽至 40 米；金狮立交完善了昆纬路一侧匝道；金钟河大街地道在原两侧人行道外侧各顶进一节长 12.42 米、宽 6.8 米、高 4.85 米的箱涵。

2. 市区二级河道桥梁工程

2000—2006 年，市区二级河道治理工程共 12 条河道，新建、整修跨河桥梁 130 座，这些桥梁风格各异，造型美观，成为二级河道上的新景观。

▼ 京津桥改造工程

▶ 富民路立交桥工程

▼ 北洋桥改造

◀ 金钟河大街地道

◀ 津河福盛桥

◀ 津河春光桥

▲ 卫津河万和桥

▶ 卫津河天大桥

▶ 南运河新三条石桥

▲ 月牙河桥

▲ 北塘排污河桥

▲ 长泰河双水道桥

▲ 津河九曲桥

▲ 卫津河电缆桥

▲ 月牙河新月桥

▲ 卫津河纪庄子桥

3. 海河桥梁改建及新建工程

海河是天津的母亲河。桥梁工程是海河综合开发工程的一大亮点。海河桥梁建设一方面要满足通行功能，另一方面作为海河上的重要景观，要有自身独特的风格，力求做到一桥一景。因此，海河上的所有新建的桥梁都面向国际进行招投标，邀请各国设计公司参与设计，把桥梁作为艺术品和旅游景点来进行设计，以崭新的设计理念营造出现代化的城市氛围，使每座桥梁都具有独特的艺术观赏价值，形成天津城市新的旅游资源。比如桥轮合一永乐桥、形态各异狮子林桥、欧风汉韵北安桥、鱼龙跳跃进步桥、日月同辉大沽桥、巨轮扬帆赤峰桥、扬帆破浪金汇桥、金银聚宝金阜桥、花落银河直沽桥、彩虹飞泻国泰桥、沽水船影富民桥等。这些桥梁形态各异，结构新颖，时代感极强，是对历史桥梁文化的碰撞、延续和衔接，反映了天津桥梁文化的传承和发展。

同时，为满足交通和通航的要求，对海河上的桥梁普遍进行了拓宽和抬升改造，并在深刻挖掘历史文化内涵的基础上，对桥梁进行装饰，将功能与艺术

▲ 刘庄斜拉桥（一）

相结合，体现桥梁的文化特质，形成了具有很强观赏价值的旅游资源。

(1) 市区第一座独塔斜拉桥——刘庄桥。

1992 年 5 月建成通车。桥长 121.75 米，3 孔，跨径为（32+71.85+12.04）米。桥塔采用 H 形钢筋混凝土结构，塔高 42 米，上部结构以钢板梁作主边梁，与现浇钢筋混凝土桥面板叠合成钢与混凝土组合梁，下部结构为钢筋混凝土桩基墩台结构。斜索采用扇形双索面。桥宽 17.5 米，其中车行道宽 12 米，斜索的索面在车行道与人行道之间。刘庄斜拉桥建成后由于长期重车荷载引起的振动等多方原因，致使该桥损坏严重，2004 年进行整修，对栏杆及灯杆除锈、补修板梁接缝，墩体涂刷防水材料，并改造了泄水孔。整修后有力地提高了交通通行能力，提升了景观效果。

2015 年，刘庄桥进行抬升改造，改造后，全桥提升 1.2 米，桥下达到六级通航标准。除主梁结构改变外，其余结构不变。桥梁仍为独塔双索面斜拉桥，结构体系仍为塔梁分离的浮动体系，专用于非机动车及人行交通。

▲ 刘庄斜拉桥（二）

(2) 海河上架彩虹——新金钢桥。

老金钢桥运行 70 多年后，桥梁钢板严重锈蚀，桥体整体强度下降，成为危桥，加之周边地区道路拓宽和路况改善，金钢桥已成为该地区交通堵塞的主因，天津市政府决定将老桥拆除重建。1996 年 3 月 26 日拆除旧桥，新桥于当年 11 月 26 日竣工通车，为第三代金钢桥。

新金钢桥为海河上第一座双层双拱形桥梁，上层主桥采用 3 跨中承式无推力钢管混凝土拱结构，主跨 101 米，边跨各 25 米，长 151 米，宽 18.5 米，总长 848 米。下层主桥利用旧桥墩改建为三孔钢与混凝土组合箱梁桥，车行道宽 14 米，两侧人行道各宽 2 米。远望金钢桥如一道彩虹凌驾于海河两岸，极具与现代化大都市风貌相匹配的时代感，也使中山路与大胡同两大商业繁华街区的交通更为便捷、顺畅。

▲ 新金钢桥

▲ 改造前的老金钢桥

◀ 金钢花园内的老金钢桥模型

◀ 金钢桥夜景

(3) 国内首次进行抬升的桥——狮子林桥。

2003年对狮子林桥进行抬升改造。施工中首次将顶升技术应用于旧桥改造之中，采用液压同步顶升技术成功将7400吨的桥梁整体顶升抬高1.271米，实现了桥梁改造技术的一大突破，同时对桥梁进行了补强，增加了抗振减振功能、桥梁防水功能。还将桥头原有4座石狮修葺一新，并在桥栏杆、栏板等各部位新安装了1177只铜质狮子，这些狮子形态各异，有的仰天长啸，有的低头沉思，有的闭目养神，或欢腾雀跃，绝无重样，使该桥成为名副其实的“狮子林”。此次桥梁抬升比拆除重建节约投资266余万元，工期缩短近200天。

▲ 改造前的狮子林桥

▲ 改造后的狮子林桥

▲ 狮子林桥桥头雕像

(4) 凸显欧风汉韵的北安桥。

2003 年，为抬升、加宽北安桥桥面，重新设计了桥的外观装修。设计仿照巴黎塞纳河上 19 世纪初亚历山大桥的外形，把法国古典雕塑内容改变为中国古代神话内容。桥的两端四柱塑有中国古代神话中的青龙、白虎、朱雀、玄武造型，寓意东、南、西、北四方保平安，桥墩雕像以压纹青铜正面装饰盘龙，以示安澜平波、桥梁永固。四柱均高 4.7 米、重十余吨。桥栏柱基上塑有 4 尊金色乐女，手抱阮、排箫、琵琶、笙 4 种不同乐器，突显中国古典韵味。非机动车道和人行道桥面铺装花岗石，宝瓶式石材栏杆。整体造型显得高贵典雅，别具特色。此次改造将全桥提升 1.55 米，同时在原桥两侧各加宽了 9 米。2004 年 4 月完工。改建和装饰过的北安桥成为古典与时尚的完美结合体，以其特有的欧风汉韵成为海河上的又一亮点。

▲ 改造后的北安桥

▲ 北安桥夜景

(5) 新建“日月同辉”大沽桥获国际大奖。

大沽桥为不对称的下承式系杆钢拱桥。桥的上部结构由两个不对称的钢拱肋组构成，主桥拱肋采用钢箱形式，平面向外侧倾斜，两条拱肋高度不同。大拱肋矢高 39 米，外倾角度为 18°，面向东方，象征太阳；小拱肋矢高 19 米，外倾角度为 22°，面向西方，象征月亮，预示天津美好的未来与日月同辉。全桥长 154 米，桥面宽 30 ~ 59 米，其中车行道宽 24 米，两侧均有 5.5 米的镂空部分。在镂空部分的外侧为观景平台，观景平台为直径不同的两个圆弧曲线。桥梁整体具有特异的美观效果。

桥梁主跨跨径长 106 米，两边跨各长 24 米。人行道宽度由桥头 3 米渐变到桥中观景平台 8.5 米（小拱侧）和 11.5 米（大拱侧），车行道与人行道间 5.5 米镂空段，拱肋为梯形断面，大拱肋顶宽和高为 1.5 米，底宽 0.9 米，大拱肋外吊杆 25 根，内拱肋 23 根。小拱肋顶宽及高为 1.5 米，底宽 0.9 米，小拱肋外吊杆 13 根，内拱肋 23 根。拱肋上的 88 根吊杆承载着 106 米主跨桥面的所有质量，省去了河中的桥墩。桥面系为正交异形板钢箱梁结构，梁高 1.06 ~ 1.3 米，箱梁每隔 4 米设一道横隔梁。桥面铺装采用了高科技含量的环氧沥青混凝土，有效解决了钢结构桥面与沥青混凝土紧密有机结合的难题，此技术在我国北方首次应用。两个拱圈大小不对称，桥下没有桥墩，这大大增加了桥梁设计的难度，也因此于 2006 年获得国际桥梁大会颁布的世界桥梁设计建造最高奖——尤金·菲戈奖，该奖设立于 2002 年，全世界每年仅有一座桥梁获此殊荣。颁奖词这样评价：“中国天津的大沽桥以想象和创新，在桥梁工程界取得了杰出的成就，并成为当地标志性建筑”。

▲▲ 新建的大沽桥

(6) 全国唯一恢复原有功能的平转式开启桥——金汤桥。

2003 年，结合海河综合开发改造，开始对已成为危桥的金汤桥桥体和桥面进行整修加固。本着“建新如旧”的改造原则，拆除老桥，按原样恢复重建新桥，考虑原桥净空长度小于海河河道宽度，设计将新桥净宽向两岸加大，新桥跨径布置为 2×25 米（平转孔）+ 35 米（固定孔），全长 85 米。整修工程将桥面抬高，保证桥下净空高度大于 4.5 米，满足六级航道通航要求。按原样恢复重建的新桥，桥型结构维持主桁架上弦呈曲线的外形特征，桥梁钢构件的连接仍采用铆接，并恢复平转开启功能，采用电动和手动两套系统启动。在桥的西端搭建观光平台和过街天桥，在东端搭建登桥楼梯，均采用钢化玻璃铺装。整修后的桥梁改为观光步行桥。桥身设计安装了立体灯光，夜幕降临，灯光、喷雾开启，金汤桥显得晶莹剔透，富有诗情画意。为了保护这座历史老桥，改造翻新后改为人行专用桥。该桥于 2005 年 10 月 1 日建成，为全国唯一恢复原有功能的平转式开启桥。

▲ 金汤桥夜景

▲▲ 改造后的金汤桥

(7) 新建成的斜独塔斜拉桥——金汇桥。

主桥结构采用主钢边混凝土混合型斜独塔斜拉桥结构，塔墩固结体系。主跨跨径为 120 米 + 50 米，采用正交异性板钢箱梁，梁高 1.8 米。东侧引桥为 2×30 米跨，采用预应力钢筋混凝土连续箱梁，西侧无引桥。桥梁总长 231 米，桥面宽 30 米。全桥最引人注目的是西岸桥头的高“风帆”形主塔，桥面以上塔高 50 米，倾斜角为 76°，桥塔主体外包复合铝板装饰幕墙，下部部分区域为窗户造型，表面使用半透明 PC 板，装饰带为复合铝板。桥体外侧为复合铝板幕墙装饰，桥体底面为油漆（钢结构部分）和外墙涂料（混凝土结构部分）。桥塔上段锚索区为钢箱结构，高 21 米，下段为钢筋混凝土箱形结构，高 31 米。拉索采用直径 7 毫米镀锌高强平行钢丝 PE 护套成品索，主跨布置 6 束，索距 15 米，边跨布置 2 束，索距 12 米。桥塔的风帆式设计与斜拉索匹配，寓意着天津的发展正在乘风破浪，驶向美好的明天。桥梁照明独具特色，桥面上每隔 20 米一盏的“弯腰”路灯，形成“环圈”状照明效果，桥的钢拉索、人行道栏杆以及墩柱等都设计了照明功能，将夜幕下的金汇桥映衬得通体透明，与海河两岸林立高楼交相辉映，衬托出桥梁优美的姿态。2006 年 9 月金汇桥建成通车。

▲▲ 金汇桥

(8) 重新恢复开启功能的天津地标性建筑——解放桥。

解放桥历经 80 多年的漫长时间使用，主桁结构发生变形，各部构件锈蚀严重，开启功能消失。进入 21 世纪，海河开发改造工程全面展开。解放桥因同时具备“景观、文物、交通”三位一体的功能，而成为改造工程的重头戏。2005 年，天津城建设计院承担了桥梁整修改造任务，改造方案提出，为保持历史风貌，将按照“修复如旧，恢复开启”的原则对解放桥进行修复和加固，继续发挥它固有的交通功能和城市标志性建筑特征。在考虑解放桥陆上交通及水上航运通行的情况下，结合两岸道路连接的条件，实施“小船自由通行，大船开启通行”的策略，采取桥梁整体抬高不超过 20 厘米，适当抬高桥下净空，恢复开启功能，优化中孔桥面系结构等措施，对解放桥实施结构、机械和电气系统的全面改造修复。工程历时 8 个月，完成整体结构抬升，更新钢桥面系，重新制作及安装平衡重、齿座梁与弧形梁，恢复手动及电动两套开启系统等工程，并确定开启速度和角加速度值，单程开启时间控制在 6 分钟，加减速及制动时间控制在 15 秒。

2006 年 10 月 30 日，解放桥整修改造首次试开启成功。翌日《今晚报》报道：“昨天上午 11 点 05 分，技术人员在桥上的控制室通过电脑传输系统发出指令，解放桥试开启正式开始。河西侧的开启跨率先启动，约 1 分钟后，河东侧的开启跨也开始抬升。随后，两侧开启跨找齐相同速度，同时上升。19 分钟后，开启跨达到了设计的最大角度——88°，并固定住。5 ~ 6 分钟后，开启跨缓缓落下，解放桥试开启宣告成功。”2007 年 1 月 19 日，解放桥整修改造工程告竣并正式开通运行。如今，解放桥开启已成为海河观光旅游一景。

▲ 解放桥

▲ 解放桥夜景

(9) 直沽桥。

原名奉化桥，位于海河刘庄桥上游，是中心城区快速路工程南横的一部分，连接河东区大直沽西路和河西区奉化道。桥为三跨连续中承式无推力拱全钢结构形式，主拱最高 32.5 米，边拱最高 20 米，行车道宽 34.62 米。全长 257.3 米，是海河上最长的一座桥梁。中跨 138 米，一跨过河，两边跨各 56 米。桥面最大宽度为 58.5 米，设计为双向 6 车道。

全桥有 9 道空腹主拱，每跨 3 道拱，每道拱又由 3 条小截面箱形拱肋交叉组成。每条拱肋为三维曲线造型，且其顶板呈弧形。全桥共 27 道拱肋、68 组钢结构“花瓣”、40 道风撑和 282 根吊杆，再加上钢桥面，共需 7500 吨钢，成为天津市用钢量最大的跨海河大桥。全桥 27 道拱每 3 道形成 1 组跨，夹在 3 道拱之间的就是花瓣状的钢结构，整座桥共有 136 片“花瓣”，每片“花瓣”由两个钢制“三角形”组成，工程人员将它们戏称为“钢锅盖”。“钢锅盖”共有 36 种大小，最大的边长为 7 米，重量近 3 吨，最小的边长为 3 米，重不到 1 吨，这些看上去轻盈灵巧的“花瓣”要用 280 吨左右的钢材制成。“花瓣雨”的设计构思，体现了结构与景观、桥梁与现代雕塑的完美结合。

该桥河道内不设桥墩，两边跨分别跨越河坝路及台儿庄南路。桥梁主体上、下游侧分别设置人行桥及景观步道。上游侧设置人行桥，以保障两岸人行交通的顺畅，下游侧设置景观步道，满足两岸亲水空间的沟通。主跨和副跨的中间拱位于两侧行车道之间；主跨与副跨的侧拱位于行车道与景观步道和人行道之间。

直沽桥工程包括桥梁工程、排水工程、道路工程和下沉路及堤岸改造五大项，2007 年 1 月建成通车。直沽桥的建成，为国内钢桥的设计施工提供了许多有价值的经验，促进了大跨度钢桥的设计、制造、加工、安装施工技术的发展与创新，使天津钢桥设计、施工走在了全国先进行列。

▲ 直沽桥

▲ 直沽桥夜景

(10) 金阜桥。

2007 年 9 月建成通车。西起河西区蚌埠道，东通河东区十三经路。为反对称空间扭曲网格拱组合桥，上下行各 7 个墩台，其中两个水中墩采用反对称布置，上游水中墩设置在东侧，下游水中墩设置在西侧。主桥横向分为人行辅桥、横纵拱结构、主桥、横纵拱结构、人行辅桥。其中主桥为钢箱梁结构，人行辅桥为悬臂挑梁结构。桥梁主要承重由设置在主桥和步行桥之间的两组（主桥两侧各一组）三维空间网状（横纵拱结构）承担。整座桥形似轻盈通透的飘带飞架长河，在视觉上给人以强烈的空间感，有人形象地称之为“时空隧道”。

该桥长 192 米，主桥总宽 23.5 米，辅桥净宽各 3 米。为满足海河通航要求，在每侧人行道仅设置一个支撑，从视觉上形成向空中敞开的钢网构架。该桥的设计从各方面考虑到了行人交通，主桥行驶车辆，而两侧的曲线人行桥引导行人从海河带状公园通过，从而避开沿河的车辆交通。人行桥的造型如同两条飘带，组成一个能保证行人连续走行的环形圈。人行桥宽 3 米，在河两岸设置梯道与地面辅路或堤岸连接。

▼ 金阜桥

▲ 金阜桥夜景

(11) 光华桥。

按照海河综合开发总体规划，2006年5月，开始对光华桥进行改造。改造后桥面宽30.6米，两侧人行道各1.6米，车行道相应拓宽，拆除原中孔挂梁两侧边T梁改为边箱梁，箱梁外形按圆曲线变化由跨中梁高1.2米，到梁端1.3米。在桥两侧各加两跨18米的引桥，主桥长度由改造前的120米增至192米，桥面重新划分车行道，由原来的双向5车道改为双向6车道，人行道由3米缩减为1.5米，将过河的人流和车流分离，方便了行人和车辆的通行。光华桥横跨下沉的海河东路和海河西路，实现了东西两岸桥头立交式的交通，为海河两岸的交通“减负”，从而全面提升了光华桥的机动车通行能力，另一方面也缓解了大光明桥的车流压力，在大光明桥改造期间起到了重要作用。桥身两侧新添了两座造型为螺旋状的人行楼梯，分别连接亲水堤岸。

桥梁设计以“海河上的航母”为主题，主桥像一艘巨型“航母”巡游在海河上。桥体用铅板1600余块、龙骨359余根，按巨型“航母”曲线外形要求，以不同曲率半径双曲面拼装而成。护栏和照明作相应改造。光华桥的每一个细节都接近航母的特点，其中栏杆的造型设计最具代表性，每一根栏杆的设计造型像一支支“矛”，现代感十足。桥梁整体以银灰色为主色调，时尚、现代，绵延不断的底部装饰与上部栏杆的设计一气呵成，具有超时代气息，凸显了高科技时代特色，使景观效应、功能使用在设计中得到统一实现。光华桥改造工程于2007年10月12日竣工通车。

▲▲ 光华桥

(12) 进步桥。

原名通南桥，2008 年 1 月建成通车。它连接了海河西岸和平路商业区和海河东岸的意奥风情区，为自锚式桁吊组合钢结构桥。该桥具有吊桥、拱桥、梁桥的受力特点，横断面呈倒三角结构，全桥连接全部采用焊接工艺。桥梁全长 500 米，桥面总宽 30.7 米，主跨跨径 128 米直线段一跨过海河水面和河西岸的下沉路及亲水平台，河中不设桥墩，两边跨跨径各 26 米，与沿河道路立交。

进步桥与上游的金汤桥和下游的北安桥相距各 300 米，空间较密，为了使河道两侧的景观和历史风貌区的特色有更好的视觉可达性，桥梁设计尽量轻盈通透，避免对河道和历史风貌区景观造成堵塞感，从而使行人乃至过桥的车辆都能够获得无遮挡的观看河道景观的感受。

进步桥桥梁上部结构主要由主桁架与钢箱主梁构成。主桁架包括上弦杆、竖杆、斜杆以及吊杆系统 4 种构件及构件系统，桁架节点间距 16 米，桁高 13 米。整桥全部为钢结构，重达 4700 吨，钢桥面共铺装环氧沥青 3623 平方米。在海河亲水平台上设置人行梯道桥与主桥人行道相接，上下游各一座。进步桥造型的一个特点是所有外观可见的钢构件和节点都是流线型的，远远望去，进步桥既像一条跃出水面的飞鱼，又像一列飞驰而来的列车，现代风格浓郁，既能体现国际先进的现代化设计理念，又能体现出天津的历史文脉。天津人给它起了一个很美妙的名字“飞鱼跃龙门”。

▲ 进步桥

▲ 色彩斑斓进步桥

(13) 大光明桥。

2007 年 10 月 5 日，大光明桥改造工程启动。为了将这座桥改造成为一座具有景观特色的桥梁，设计师为桥体进行了整体包装，通过装修使其具有古典欧式风格。它以“光明”为主题进行装修，包括：在桥头建 4 个欧式桥头堡，每个桥头堡上分别安装以日、月、星、辰为主题的雕塑，4 座雕塑融入了神话因素。雕塑“日”象征如日中天是生命的源泉；“月”寓意唯美，家好月圆；“星”寓意善良、正直、明朗以及团结协作的精神；“辰”代表爱与美，理解与公平，均衡的理想和高尚的品质。桥两头分别设计两座“射手座”雕塑，体现大光明桥崇尚自由光明的内涵，将西洋古典巨像雕塑与现代审美相结合，寓情于景。除上述整修装饰工程外，此次改造还将桥面由 30.5 米拓宽至 37.5 米，桥下净高抬高 0.8 米，加固了上部结构，改造了两岸引路及匝道桥。改造工程于 2008 年 5 月 15 日竣工通车。改造后的大光明桥不仅桥面顺畅，上下连通，而且增强了景观效果。

▲▲ 大光明桥

(14) 富民桥。

该桥全长340.3米，主跨160米，辅跨70米。河东侧引桥3跨25米，河西侧引桥单跨悬臂混凝土门型框架35.5米。富民桥新颖的结构不仅为国内首创，而且施工难度和技术含量在全国桥梁中也是首屈一指。该桥设计为单塔空间索面自锚式悬索桥。大跨度的悬索桥一般采用地锚式，其锚固体处一般要求地基具有较大的承载力，最好有良好的岩层作持力地基。富民桥的设计师鉴于天津地区的地质情况，考虑到桥址处为软土地基，地基承载力较差，不适用于地锚式结构，故选用很少采用的自锚式悬索结构。虽然施工难度很大，但满足了地基的要求，同时避免了布置庞大的主缆锚碇建筑物影响景观效果。

富民桥桥宽40米，为机动车双向6车道，人行道设置在主梁下方。桥塔为高于桥面58米的独柱，塔横桥向宽4.6米，顺桥向塔底宽13米，塔顶宽4.5米。桥面系采用钢箱梁，主跨为分离式双钢箱加劲梁，边跨为单钢箱加劲梁。主跨主缆锚于梁的两侧，边跨主缆采用一组（两根并排）缆索不加竖向吊索形式锚于梁的中间，采用三维空间线形，立面及平面皆为抛物线。与常规悬索桥最大的不同是：悬索桥采用空间索面，即在竖直面、水平面内同时设有曲线线形，几乎没有可资借鉴的工程实例。施工中的空间索定位、计算机全程模拟计算、体系转换与吊杆力调整等技术都是国内首次采用。该桥钢桥面铺装中采用国产多组分环氧沥青作为原料加工沥青混凝土，在国内同行业中也属首创。人行道的人性化设计也是富民桥的一大亮点。人行道不同于传统桥梁设于桥的两边，而是挂于主梁中间的下方，直接连接海河两岸的亲水平台，既是观景驻足空间，也是跨河人行通道；既利用了双主梁之间透光的特点，又减少了桥面宽度，更体现了人性化的设计理念。人行道做到无障碍设计，没有繁琐的上下桥台阶，照顾了各类人群的需求，舒适、便捷、安全。置于桥梁下方的人行道既避免了行人与车辆之间的干扰，又减少了噪声和废气的污染，同时还具有亲水性，成为海河旅游观光的又一亮点。富民桥于2008年5月建成通车。

▲ 富民桥

▲ 富民桥夜景

(15) 永乐桥。

该桥坐落于海河源头三岔河口地区的子牙河上，在海河两岸综合开发改造工程建设的众多桥梁中位于最上游，处于海河开发的龙头地位。这里是天津传统历史文化街区和近代工业的发祥地，连接了海河开发起步区的大悲院和运河经济文化商贸区的两大节点。根据该地区优越的地理位置，永乐桥的设计师大胆地提出了摩天轮的设计方案，将桥梁和摩天轮结合在一起，集交通、观光、旅游、商业和休闲功能为一体，使永乐桥成为世界上第一座建有摩天轮的桥梁。该桥被誉为“天津之眼”，入选“天津市十大标志性建筑”。

永乐桥桥梁设计为双层，上层桥面被摩天轮轮盘从中部纵向分开，机动车从摩天轮两侧通行，行车路线呈曲线形，全长204米，桥面总宽32米；下层桥面为一整体，中部为摩天轮的登轮站台区，两侧为非机动车和行人通道，其他部分作为布置控制机房及商业空间等的功能区。主桥结构采用钢桁架和钢混结合梁形式，跨径为（24.47+45+24.47）米。中跨横向布设4片主桁架，主桁架之间中距为（10.5+8+10.5）米，桁高4.488～5.04米。为解决高跨比过小的矛盾，在河中设立墩柱，以减小主跨跨径，提高高跨比，使结构更加合理。

摩天轮从主桥上下行车道中间通过，

▲ 永乐桥

由两个人字形塔架及连接横梁组成门式刚架受力体系，横梁同时也作为摩天轮的旋转主轴，液压摩擦轮驱动。摩天轮线缆在人字形构件内部布设到达主轴，再从主轴引出，顺轮辐索到达每个车厢。摩天轮人字形塔架的两肢斜腿和上部塔柱在交叉点按 120° 相交，交点区域按照曲线形式平滑过渡，以达到美观和改善传力路径的目的。塔腿与塔柱的三肢构件在同一个与竖直平面夹角 9.624° 的倾斜空间平面内。在塔柱顶端和塔腿底端设稳定索，对塔柱以致整个塔架起平面内的稳定作用。为平衡塔腿向外的水平推力，在四个塔腿之间，沿顺桥向设置预应力水平平衡索，该平衡索隐藏于桥外侧悬挑的水平梁内。

摩天轮采用直径约为 110 米的全索结构（无风缆），顶点高度为 119.8 米，设置 48 根径向索，旋转一周 30 分钟，设置 48 个轿厢，每个轿厢乘客为 8 人，每小时观光人流量为 768 人。轿厢运行平稳舒适，到达最高处时，乘客可欣赏到海河美景及方圆 40 公里内的风景。摩天轮浑圆的造型，融入线状街道、方形街区组成的背景中，自然地契合了中国天圆地方的传统理念；而摩天轮的转动也引发了人们对于时光流转的无限遐想。永乐桥于 2008 年 7 月建成，总投资 5.03 亿元，获全国工程勘察设计行业优秀工程勘察设计一等奖。

▲ 永乐桥夜景

（16）赤峰桥。

该桥始建于1981年，2008年拆除旧桥建成新桥。新桥主桥结构为独斜塔空间索面弯曲钢箱梁桥面斜拉桥，全长576米，主桥标准段桥面宽39米，两侧各有5.5米的非机动车道和人行道，面积为原桥的10倍。主跨跨径为（134+91）米，主跨为134米的一跨过河，边跨为50米+41米=91米，跨过东岸沿河路与李公楼立交相接，为曲率半径156.6米的弯桥。主塔布置在东岸弯道内侧，倾斜达63°，垂直高度为65米，采用吊篮式变截面斜独塔斜拉桥形式，塔墩固结体系。设计师将船形结构锚碇巧妙地与堤岸结合，使其达到浮于水面的效果，营造出“泛舟江中”的

▲ 赤峰桥

景象。船形建筑首两层可作为餐厅或咖啡厅，屋面像船甲板的部分又是一个观景平台，再加上上述船桅元素，一艘船扬着帆蓄势待发的气势营造成功，象征着天津的各项事业劈波斩浪、乘风远航。塔顶布置外径 20 米、高 5 米的椭球形玻璃体观光构筑物，可通过斜塔内电梯登塔顶，供人们瞭望欣赏海河周围景色。斜塔后面布有 4 根后背索，一端锚固于斜塔顶，另一端锚固于塔底船形建筑物中，塔高 64.92 米。引桥为互通式立交桥，设有主桥两侧引桥及 A、C、D 三条匝道。新桥于 2008 年 8 月建成通车，同年将原赤峰桥拆除。

▲ 赤峰桥夜景

(17) 国泰桥。

该桥设计为似“桥影流虹”般的现代浪漫主义风格，其造型采用了世界名桥澳大利亚悉尼港湾大桥的建筑形式，优雅庄重，拱曲线与周围环境融洽协调，用桁拱的曲线与主梁简洁的线条相衔接，体现了古典与现代的结合。

国泰桥主桥结构为中承式钢桁架拱桥。中跨主拱圈由上下弦间通过工形直腹杆和斜腹杆联系，采用变高度 N 形桁架，高度由支点处的 18.66 米变化至跨中的 4 米。主拱钢桁架拱肋间距 24.5 米。钢拱总量达 1900 吨，最大一段单重 29.7 吨。上弦拱距离桥面高 26 米，下弦拱距桥面高 22 米。钢桥面为正交异形板，55 毫米厚环氧铺装，桥面荷载通过小纵梁和横梁传至系梁。全桥共 30 根吊杆，吊杆采用单根 PE 护层高强平行钢丝索，吊杆间距 8 米，吊杆长度为 5.4 ~ 23 米。

桥全长 396 米，主桥跨径为 172 米，两边跨各 13 米，桥宽 31.5 米，双向 4 车道。桥体钢桁架外刷红色防锈漆，在桥区灰蓝色背景的衬托下显得气势如虹，并成为桥区的主导色彩。桥拱两端为哥德式尖顶桥头堡，采用浅灰色花岗岩与深灰色花岗岩纹络相间的镶饰，宛如含苞待放的花蕾，为海河两岸锦上添花。桥头堡内设置了观光平台，游人可搭乘桥梁两侧的电梯到达“彩虹”之上，一览周围的美景。该桥于 2008 年 9 月建成通车。

▲ 国泰桥（一）

▲ 国泰桥（二）

▲ 国泰桥夜景

(18) 滨海新区海河响螺湾开启桥。

该桥全长 868.8 米，为双向四车道。主桥结构设计新颖，为立转式钢结构悬臂梁，净跨 68 米，转动半径 38 米，桥梁开启最大角度为 85°，桥下通航净宽度 68 米，在不开启状态下其净空大于 7 米，是目前国内开启跨度最大的开启桥，也是亚洲同类开启桥梁中，规模和跨径最大的双叶立转式开启桥之一。开启桥为连接于家堡和响螺湾的重要纽带。全桥灌注桩基础总计 226 根、墩台总计 27 个，钢筋混凝土箱梁总计 122 片，混凝土总量为 44457.45 立方，钢筋 4576.9 吨，钢绞线 278.04 吨，钢箱梁重 1638 吨，球墨铸铁配重 1730 吨，工程造价约为 2.5 亿元。

开启桥两侧桥墩内安装电器设备、液压设备及机械设备，在纵向桥面以下布置旋转塔室、悬臂梁、均衡重三部分构造，由这些构造完成桥的开启功能。开启桥为“时起时卧”的动感桥梁，经常处于变形、位移、振动的“状态”之中，这要求钢桥面铺装材料具有极高的黏结力和抗剪切力以及自身重量轻的特点，施工难度大，国内无经验借鉴。为此，项目部联合高校进行技术攻关，最终选用陶粒环氧沥青混凝土铺装，厚度为 3 厘米，属国内首创，世界罕见，为今后同类桥梁施工开创先河。开启桥与同类桥梁相比具有节能、环保、运行平稳、开启速度快等显著特点。2010 年 7 月 1 日，响螺湾海河开启桥竣工通车。

▲▲ 响螺湾开启桥

(19) 吉兆桥。

该桥起点为雪莲南路与海河东路相交路口，终点为吉兆路与柳盛道相交路口，连接了河东二号桥和河西柳林地区，改变了海河自海津大桥至外环线段没有桥梁的现状，减轻了海津大桥、快速路的交通压力。该桥全长923米，桥面宽40米，双向6车道。主桥为三跨钢桁架结构，钢桁架用钢量为5240吨。桥面宽40米，双向六车道。桥的主色调为白色，桥身精致的花纹配上顶部钢结构设计，给人一种刚柔并济之美。该桥于2013年11月竣工通车。

▲▲ 吉兆桥

(20) 春意桥。

该桥位于天钢柳林地区，2014 年建成。桥长 324.7 米，桥两侧设引桥，主桥跨越海河长度为 200 米，为三跨钢箱梁结构形式（57.5 米 +85 米 +57.5 米），最大跨径 85 米，桥面宽 40 米。

▲ 春意桥

(21) 跨度及规模居当时国内同类桥梁之首的钢箱梁自锚式悬索桥——子牙河西河桥建成。

2004年建成通车。桥长556.8米，3跨，其中主跨115米，两边跨各48.05米，桥全宽36米。南北两岸引桥长度分别为162米和180米，为预应力钢筋混凝土连续箱梁结构。主桥面系加劲主梁采用分离式单箱单室连续钢箱梁，桥面板为正交异性板。主缆采用直径5毫米高强镀锌平行钢丝，每根主缆由19股127丝组成，直径为270毫米。吊杆采用直径7毫米高强度镀锌平行钢丝成品索，间距4米，锚具采用冷铸锚。

▶ 西河桥

▼ 西河桥夜景

4. 津湾广场工程

津湾广场总占地面积 12.5 公顷，规划总建筑面积约 81.2 万平方米，地上建筑 58 万平方米，地下建筑 23 万平方米。其中新建建筑 77 万平方米，保留建筑 4 万平方米，由天津金融城开发有限公司投资建设。

津湾广场整体定位为以高端商务商业为核心的现代大型城市综合体，建设项目分为两期。一期总建筑面积 17.1 万平方米，地上建筑面积 9.5 万平方米，地下建筑面积 7.6 万平方米，由 5 座欧式建筑风格的多层商业建筑构成，建设有 0.7 万平方米的开放式广场及 1 万平方米沿海河湾亲水平台。一期项目于 2008 年 11 月开工建设，2009 年 9 月建成开业，汇聚了剧院、影院、餐饮、电玩、娱乐等多种业态。项目一期建设充分体现了科学创新，做到了项目设计和商业功能定位同步、项目建设和招商引资同步、项目竣工与经营开业同步，整个建设、招商、装修过程仅用了不到 300 天就全部完成。

项目二期成功引入香港汤臣集团投资进行合作开发建设。规划总建筑面积 44 万平方米，地下建筑面积 16 万平方米；为高层和超高层建筑组成，最高建筑达 299.98 米，业态定位为高端商务区，包括高级商务办公写字楼、居住型公寓、酒店及商业楼。

▲ 津湾广场

▲ 津湾广场夜景

# 第三章　城市排水养护管理

## 一、城市排水养管机构

天津市排水管理处原隶属于天津市政工程局，成立于1962年，主要承担市区排水管道、泵站、河道的养护、建设及防汛排涝、排水监测、污水处理等管理工作，其主要职能是：负责公共排水设施市属排水系统的养护维修、运行调度；实施城市排水、再生水建设发展规划和专项工程规划；承担城市排水和再生水利用行政审批、行政管理工作；承担污水处理和再生水利用特许经营的监督管理；按照有关规定收取城市排水设施损坏赔（补）偿费、污水处理费；负责中心城区防汛工作的日常管理等。

天津市排水管理处下设10个排水管理所，按区域分别管理天津市内六区和北辰区、东丽区的一部分排水设施。各区排水管理部门分别为市内六区6个排水管理所及东丽、北辰、西青、津南市政管理部门，由各区市政局负责。

1979年，天津市内各区城建局成立排水队，负责等于或小于40厘米直径的里巷支管养管工作。1981年排水管理处成立泵站管理所。1984年纪庄子污水处理厂列为排水管理处基层单位。2001年1月，创业环保股份有限公司成立后，负责市区污水处理厂及再生水厂的运行维护。2009年5月，市政公路管理局将排水管理处整建制划归市水务局管理，并将城市排水、再生水利用的管理职责划给市水务局。

## 二、排水设施管理

1. 排水管理法规

1981年天津市政府颁布《天津市市区排水设施管理暂行办法》；1993年市政府发布《天津市城市排水设施管理规定》；1998年市人大通过并颁布了《天津市城市排水管理条例》；2003年市人大通过并颁布《天津市城市排水和再生水利用管理条例》；2000年市政府颁布《天津市污水处理费管理办法》《天津市津河等河道管理办法》；2008年，市政府重新颁布《天津市津河等河道管理办法》。

2. 排水设施管理范围

中心城区的排水设施按照道路、居民区进行分工管理。主干道路的排水管网和排水泵站由市排水管理处管理。公有住房居住区由各区排水部门管理，范围从化粪井（不包括化粪井本身）至马路支管。公有房屋楼内至化粪井（包括化粪井）由房管部门管理。单位产小区排水管道由产权单位或物业部门管理。

为加强设施管理，市排水管理处配备行政执法人员230人，按各自分工进行巡视，依照市人大颁布的《天津市城市排水和再生水利用管理条例》进行管理，确保设施完好，正常运行，发现问题，及时处理和上报。

## 三、雨季防汛排水

天津市主汛期为每年6月20日至9月20日。降雨一般集中在7月下旬至8月上旬，常年降雨量为450～550毫米。

1. 为确保汛期安全，每年汛前提早开展排水设施养管会战

对所辖排水设施进行疏通、掏挖和维修，特别对低洼、易积水地区的支管，加强检、雨井的维修和养护，清挖维护排水明沟，确保在汛前达到“管道条条通、闸门个个灵、泵站台台转”的养管标准。同时为做到防汛排水调度有章可循，应急处置有预案，天津市防汛指挥部市区分部和市排水管理处先后修订了《天津市区防汛抢险预案》《排水突发性事件应急处置预案》《市区非汛期排水调度方案》《市区主汛期排水调度方案》《地道泵站防汛排水调度方案》，并从实际出发，每年编制调度方案和抢险预案，力求科学合理，具有可操作性，为汛期排水打好基础。

2. 入汛后，严格实行领导带班制度

汛期市防汛指挥部以及市区分部、排水管理处等防汛指挥及救险单位24小时处于值守状态。市区分部设立6个巡视组、若干个保障组及12个应急抢险组，确保及时、有效地处置排水突发

事件。与气象部门紧密合作，密切关注天气情况，随时做好排水准备。雨前实施降低泵站水位、腾空管道、腾空河道的“一低两腾空”措施。广大排水干部职工遇雨及时上岗、及时开泵、及时提闸，做到“雨情就是命令，排水就是战场”。雨中加强巡视，指派专人负责重点积水地区，采取有力措施，加快退水。雨后加强对排水设施的检查维护，对损坏的设施及时维修，确保设施完好，排水管道畅通。为确保防汛安全，加强防汛物资储备，按照分级分部门负责的原则，专用抢险设备24小时装车待命，做好抢险准备，关键时刻做到随调随到。主汛期对一些关键部位，设备调运到现场，随时做好抢险准备。

▲ 防汛排水调度

▲ 排水职工夜间上岗排除积水

▲ 排水职工雨中打开井盖排除积水

## 四、排水设施养护

2010年天津市政府颁布的《天津市城市管理规定》第26条规定，城市排水、河道管理应当达到下列要求：排水管道通畅、井盖齐全完好、无污水跑冒，排水泵站设备完好，保证污水正常排放和汛期排沥，排水河道通畅，闸门完好，启闭灵活；河道水面无垃圾，水体清洁，护坡完整，两岸无垃圾堆存、无杂草，河道涵洞定期疏通；国家和本市对城市排水、河道的其他管理标准和要求。

市排水管理处依据建设部养管标准和《天津市城市管理规定》，制订了更加具体的排水设施养护质量标准：

(1) 检查井、雨水井。井盖平稳、无缺损、无破裂、无占压，井墙无倾斜、无歪散、无大面积脱落，井口平整，不松散、无缺损、不破裂。

(2) 收水支管。能顺利打开，顺利通过，卧泥检查井含泥量低于管底50毫米，无卧泥检查井含泥量不超过管径20%，卧泥收水井低于管底20毫米，无卧泥收水井含泥量不超过管径20%。

(3) 河道河堤。干净整洁，片石无人为损坏，土堤平整，无乱泼、乱倒、乱占，水尺准确清晰、安装牢固，液位监视系统运行稳定。

(4) 泵站。水尺无破损，格栅清捞及时、无杂物，水位合格，机组外观无油垢，各种开关灵活可靠，电器运行良好、无异响、无破损、不漏油，电流电压温升正常，泵站内闸门启闭正常、无锈蚀。

▲ 海河地下泵站

▲ 梅江泵站

◀ 友谊路排水管道非开挖施工

▶ 排水多功能养护车

▲ 管道内窥镜检测车

▲ 污泥抓斗车

▲ 排水综合养护车

▲ 排水泵站安装了环保除臭设施

## 五、实施“碧水工程”——市区排水河道改造

对中心城区排水河道进行全面改造，是跨入新世纪后天津市实施的排水系统综合治理工程，被称为“碧水工程”。自 2000 年起，用了 5 年时间，相继对津河、卫津河、复兴河、长泰河、月牙河、北塘排水河、护仓河、陈台子河、四化河等 12 条市区排水河道进行了综合整治，总长 107 公里。这些河道原来河水污浊不堪、河坡杂草丛生、河床淤塞严重、四周蚊蝇滋生，严重影响城市环境和群众居住环境。河道改造工程在河道沿线共铺设雨污管道 99 公里，清淤 350 万立方米，护砌河坡 190 万平方米，新建和整修沿河道路 98 万平方米，新建和整修桥梁 130 座，铺设雨水和污水管道 101 公里，新增沿河绿地 233 万平方米，全市有 45 万人参加了义务劳动，使沿岸 2200 个单位，50 多万群众改善了工作和生活环境。通过河道改造使臭河变清河，不仅提高了排水能力，改善了市容环境，而且为广大市民提供了休息游览的场所。2003 年，天津市二级河道改造项目获中国人居环境范例奖。

▲ 津河与卫津河交汇处

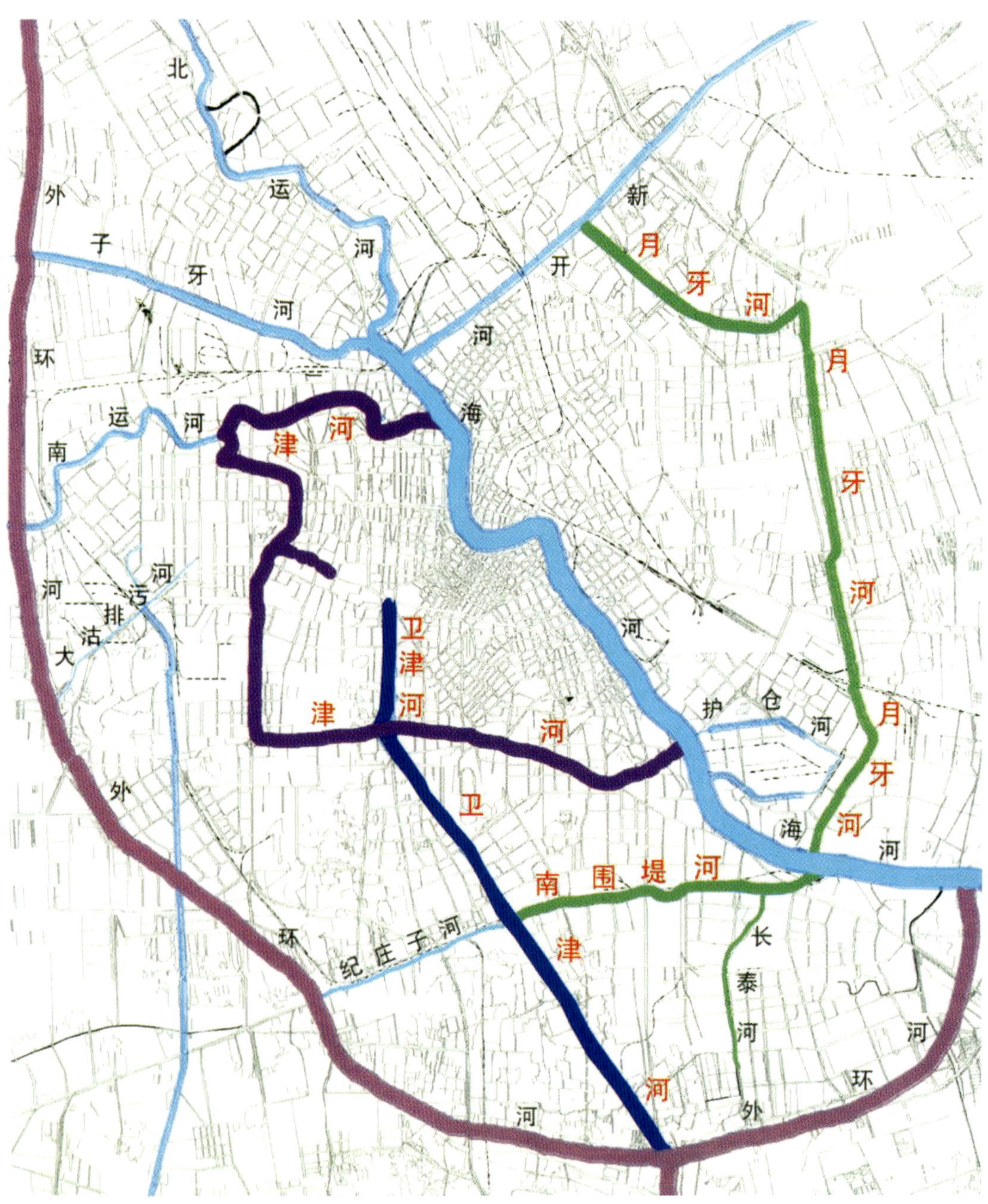


▲ 天津市市区河道改造工程示意图

1. 墙子河综合治理工程

2000 年改造废墙子河、复康河、红旗河、西墙子河及南运河共 5 条河道，全长 18.5 公里，改造内容包括清淤近 70 万立方米，护砌 17 万多立方米，沿线切改、铺设雨污分流管道 5.5 公里，修建闸门 45 个，建设提水泵站 2 座，新建、拆除、加固整修桥梁 51 座，建成 5 处园林景点，新建绿地近 40 万平方米，新建、整修沿河道路 7 万平方米等，改造后统称“津河”。

▲▲ 废墙子河旧貌

▲▲ 津河新貌

2. 卫津河改造工程

2001 年实施卫津河改造工程，总长 19.9 公里。共有 130 余家单位参加工程建设和义务劳动，完成清淤 29 万立方米，砌筑石材 9.3 万立方米，切改跨河管线约 40 条，打通外环河卡口 16 处，整修桥梁 16 座，新建、整修沿河道路 10 万平方米，新建 10 立方米 / 秒泵站 1 座。

▲▲ 卫津河旧貌

▲▲ 卫津河新貌

3. 南围堤河改造工程

2002 年实施南围堤河改造工程，全长约 5.8 公里。工程共清淤 13 万立方米，护砌 4.8 万立方米，新建、整修桥梁 7 座，新建绿地 23 万平方米，园林景点 5 处，道路工程面积 16.2 万平方米。工程竣工后更名为“复兴河”。

▲ 复兴河旧貌

▲▲ 复兴河新貌

4. 月牙河改造工程

2002 年实施一期工程，长 9.9 公里；2003 年实施二期工程，长 4.3 公里。共完成清淤 64.6 万平方米，护砌 13.1 万平方米，切改、铺设雨污分流排水管道 2.13 公里，新建 2 座泵站，新建、改造桥梁 18 座，拓宽整修道路 29.3 万平方米，新建绿地 64 万平方米。

▲▲ 月牙河旧貌

▲▲ 月牙河新貌

5. 北塘排水河改造工程

2003—2007年分三期实施。2003年实施一期工程，长4.85公里。共清淤41万立方米，护砌1.8万立方米，铺设排水管道1.8公里，修筑道路3.5公里；2003—2004年实施二期工程，长4.7公里。共清淤26.3万平方米，护砌6.8万平方米，铺设截污管道2.5公里，整修桥梁3座，新建绿化5万平方米，沿河新建道路2公里；2006—2007年实施三期工程，长2.7公里。共清淤12.4万立方米，护砌2.1万平方米。

▲ 北塘排水河新貌

6. 四化河改造工程

2003—2004 年实施。全长 5.8 公里。共完成清淤 11 万立方米，片石护砌 11.6 万平方米，铺设雨污水管道 4.45 公里，修建桥梁 4 座，同期建成沿河路 3.24 公里，铺设各类配套管线 15.9 公里。

▲ 四化河旧貌

▲ 四化河新貌

7. 津港运河改造工程

2003—2004 年实施，全长 3.5 公里。共清淤 12 万立方米，新建桥梁 8 座，改造桥梁 3 座，沿河绿化 7.4 万平方米，2005—2006 年新建津港运河西路长 3 公里。

8. 长泰河改造工程

2003—2004 年实施，全长 4.7 公里。改造后与复兴河自然贯通，与外环河利用涵管沟通。共清淤 8 万立方米，砌坡 6.6 万平方米，切改、铺设雨、污分流排水管道 21.7 公里，新建泵站 3 座，新建桥梁 9 座，绿化 20 万平方米，新建 3 处绿化景点，新建、整修道路 21.4 万平方米。

▲ 荣获中国人居环境范例奖

▲ 长泰河新貌

9. 护仓河改造工程

2004 年实施。全长 5.4 公里。共清淤 18.5 万立方米，护砌 3.2 万平方米，新建改建涵桥 3 座，堤岸绿化 1 万平方米。

10. 陈台子排水河（一期）

2004 年实施。全长 7.2 公里。共清淤 35 万立方米，片石砌坡 10.4 万平方米，修建截污管线 3.5 公里，新建绿地 10 万平方米。

11. 月西河改造工程

2004 年实施。全长 1.6 公里。共清淤 6 万立方米，砌坡 2.2 万平方米。

12. 纪庄子排水河改造工程

该河是纪庄子污水处理厂的出水河道，同时担负沿线 53 公顷范围内的排沥任务，2005—2006 年实施，全长 3.8 公里。共挖方 15 万方，清淤 20 万立方米，片石护砌近 6 万立方米，铺设污水管线 2.5 公里，新建桥梁 1 座，新建占地 300 亩、总容量 45 万立方米污泥填埋场 1 座。

13. 水环境专项治理工程

2008 年 10—12 月，南丰产河、北丰产河、先锋河（外环内段）、陈台子排水河、纪庄子排水河（外环线以东段）、小王庄排水河、北塘排水河（外环线至东金路段）、外环河（北运河至京津公路段）、张贵庄排水河（月牙河至外环河段）、东场引河及大沽排污河治理工程先后开工，2009 年 9 月工程全面完工。

河道综合治理工程的完成，取得了明显成效：一是河道防洪排沥能力显著提升；二是沿河生态环境得到明显改善；三是取得了较好的经济和社会效益。

▲ 大沽排污河治理工程

▲ 治理后的河道

# 第四章　公路养护管理

## 一、公路管理机构

1991 年 1 月，天津市委、市政府决定，将天津市公路管理处改建为天津市公路管理局，为副局级单位，隶属天津市市政工程局，负责全市公路的建设、养护、管理工作，下设高速公路管理处负责京津塘高速公路的运营管理，一、二、三、四公路管理所和外环公路管理所负责管养区域内国、市干线公路。由各区县领导的环城四区，塘沽、汉沽、大港区公路管理所，管养区域内其他公路，静海、武清、宝坻、蓟县、宁河交通局各自管养所辖区域内的所有公路。

2000 年 3 月，天津市公路局在环城四区分别成立了公路分局；2001 年 3 月，在塘沽、汉沽、大港区也分别成立了公路分局。对其余 5 个郊区县的普通公路养护投资计划实行垂直管理，其人员由所在区县交通局负责管理。各分局成立养护所和工程处，养护所负责辖区内公路的管理和中小修工程，工程处负责大修及新建、改建工程。

1998 年 11 月，天津市政府将全市 5300 公里乡村公路由市农委移交市政工程局管理，公路局接管了乡村公路管理业务，成立了“天津市乡村公路管理办公室”，各区县也相应成立乡村公路管理办公室，归各区县领导。

自 1998 年起，天津公路局相继派出路政支队，到已运营的高速公路进行路政管理。2000 年 5 月，成立超限运输管理办公室，负责天津市超限运输管理。

2007 年 1 月，天津市委、市政府决定撤销市公路管理局，当年 7 月原市公路管理局改为市公路处，原分局变更为各区公路处，外环所变更为直属公路处。

2010 年，天津市实施公路养管体制改革，环城四区和塘沽、汉沽、大港公路处从市公路处剥离，归属所在区县领导，同时将区县级公路管理权划归各区县，国、市干线公路由市公路处委托所属区县管理。

天津市公路处的管理职能是：对本市公路实施行业管理；起草本市公路路网规划和建设、养护中长期发展规划、年度公路建设、养护投资建议计划；负责本市公路新建、改建项目的前期管理；负责本市公路建设、养护工程管理及组织实施；负责本市公路的路政执法管理；负责公路养护市场的管理；负责全市公路设施养护、运行服务质量的考核、监管；负责全市公路设施量统计和路网运行技术基础数据管理。

## 二、高速公路管理

1997 年 7 月，成立“京津塘高速公路管理处”，隶属天津市市政工程局领导，由天津市公路局管辖。2001 年 1 月 10 日，京津塘高速公路组建“华北高速有限公司”，京津塘高速公路由华北高速有限公司经营管理。

1994 年 12 月，组建“天津市公路建设发展公司”，隶属于天津市公路局，其下属各合作经营的高速公路公司，基本为一路一桥一公司的模式独立经营，1998 年公路建设发展公司从公路局剥离直属市政工程局领导，2003 年 11 月，

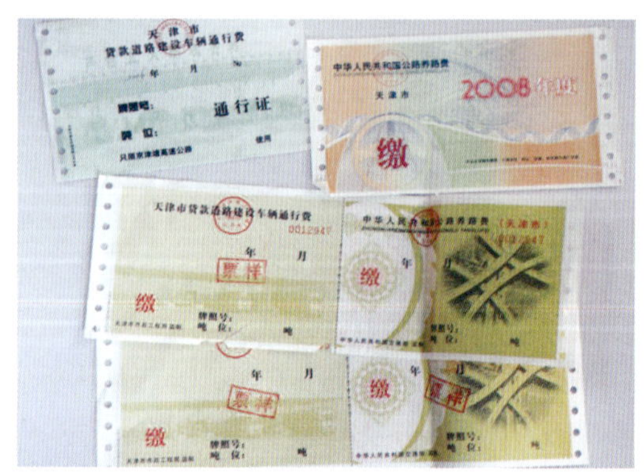

▲ 公路养路费和贷款道路建设车辆通行费票样

▲ 征稽人员利用笔记本电脑上路稽查养路费

更名为天津市高速公路投资建设发展公司。2007 年，归属天津市城投集团管理，2010 年更名为天津市高速公路集团。

由滨海新区投资修建的津滨、沿海等高速公路由滨海新区主管，独立经营。

2007 年 7 月前，天津市公路局对全市已运营高速公路的管理养护实行行业管理，路政实行派驻式管理。2007 年 7 月，成立了天津市高速公路管理处，负责对全市高速公路管理养护实行行业管理，路政继续实行派驻式管理。

天津市高速公路管理处的职能是：负责起草本市高速公路养护及路政管理的有关标准和规定；参与高速公路规划工作，负责组织高速公路前期工作；负责全市高速公路建设管理和联网收费管理；组织本市高速公路建设项目的后评估；负责全市高速公路运行情况的监控、信息采集与发布及应急处理；负责全市高速公路路政管理，维护高速公路路产路权；负责高速公路日常养护管理的指导、监督和检查考核，对高速公路大中修项目及专项工程实施监管。

## 三、规费征稽

1991 年 4 月，经天津市编委批准，原负责征收公路养路费的天津市政工程局公路管理总站更名为天津市公路管理局公路养路费征稽处，是天津公路局所属公路规费征收机构，负责天津市公路养路费、车辆购置附加费两项行政事业性收费的征收管理。1997 年成立天津市车辆购置附加费征收管理办公室，隶属于市政局，2005 年整建制划归市国税局。2008 年《国务院关于实施成品油价格和税费改革的通知》（以下简称《通知》）将公路养路费改为燃油税，征稽处不再收取养路费。《通知》中规定，通过收取成品油消费税取消公路养路费等收费，中央财政通过规范的财政转移支付方式分配给地方。燃油税转移支付资金纳入财政预算管理。改革后形成的交通资金属性不变、资金用途不变、地方预算程序不变、地方事权不变。对燃油税转移支付资金替代原养路费部分资金，按照四不变原则，该项资金主要用于公路建设和养护，并受市财政预算管理。

自 1991 年起，天津市通过合资、合作及利用商业银行贷款等多渠道、多方式筹措建设资金建设公路。随着国家对贷款修路收费还贷政策的进一步规范和国务院纠风办、国家计委等部门对净化收费环境的要求，“一路一公司”的分散经营管理模式已不能适应新形势下经济发展的要求。2003 年，天津市人民政府颁发《天津市贷款道路建设车辆通行费征收管理办法》规定，天津市车辆按照拥有车辆的计征吨位按月征收（可预缴）通行费；外省市机动车进入天津市，采取道口收费方式，实行单项一次征收；经由高速公路进入天津市的外埠车辆，由高速公路收费站代征天津市贷款道路建设车辆通行费。统一收取的通行费全部用于投资者撤站的补偿及公路养护维修费用和收费管理经费。自2010 年 1 月 1 日起，天津市停止征收贷款道路建设车辆通行费。

## 四、公路管理

1. 公路管理法规、规章及规范性文件

1981 年天津市政府批准并颁布《天津市郊区、县公路管理暂行办法》；1990 年市政府颁布《天津市外环线管理规定》，2004 年重新修订颁布，改为《天津市外环路管理规定》，2010 年再次修订；1995 年市政府颁布《天津市公路保护管理办法》；1997 年市政府颁布《天津市高速公路路政管理规定》政府令，2004 年、2010 年经修订后再行颁布；1997 年市人大常委会颁布《天津市公路管理条例》（以下简称《条例》），明确了天津市公路行政主管部门，对天津市及区县相关公路管理机构的行政执法主体予以法规授权，并明确公路管理部门的法律职责，规定了公路两侧建筑控制线范围，该《条例》于 2005 年、2010 年进行修订。

2000 年，天津市政府颁布《天津市超限运输车辆行驶公路路政管理规定》；2009 年市政府颁布《天津市治理车辆非法超限超载规定》政府令；2011 年制定《天津市治理非法超限超载规定实施办法》；2013 年市政府办公厅印发了《天津市治理车辆非法超限超载工作责任倒查和责任追究办法》《天津市建立长效治理车辆超限超载工作责任机制实施办法》。

天津市市政工程局、天津市市政公路管理局颁布的公路路政管理规范性文件有：1997 年制发《公路挖掘修复费标准》和《公路绿化设施损坏赔偿标准》；2000 年制发《天津市高速公路设施损坏赔偿标准》；2001 年颁发《关于审批因工掘动城市道路、公路的有关规定》《关于加强“新建、改建、扩建公路挖掘”和“冬季掘动公路”管理的若干规定》；2003 年印发《市政局收费票据管理暂行规定》《市政局收费许可证使用及管理暂行规定》《天津市超限重运输车辆行驶公路卸货管理办法》；2010 年颁布了《天津市查处非法超限运输车辆行驶公路规定》《行使治理超限行政

▲ 召开市政公路管理暨治超工作会议

▲ 召开治超责任倒查和追究办法宣贯暨中期推动会

强制权和行政处罚权实施办法》。

2. 行政许可审批

根据天津市政府2004年关于集中办理行政许可和行政审批事项的决定，公路处派专业人员进驻市行政许可服务中心办公。

行政许可事项有：建筑控制区内埋设管线等设施审批；在公路上行驶履带车和其他可能损害公路路面运输机具审批；在公路上增设平面交叉道口、桥涵的审批；在公路上行驶超过公路、桥梁技术标准的车辆的审批；跨越、穿越公路修建桥梁渡槽或者架设、埋设管线等设施审批；确需临时占用公路审批；因建设工程需挖掘公路审批；在公路用地范围内设置非公路设施审批。

3. 综合治理，强化超限运输管理

2000年4月1日，交通部颁布的《超限运输车辆行驶公路管理规定》实施。2003年12月1日，华北地区五省市统一开展联合治理超限运输行动。2004年6月，全国集中统一开展治理超限运输。天津市超限运输治理工作经历了由部门行为向政府行为转变的过程，逐步形成了政府牵头、部门联动的治理格局。市政工程局、市政公路管理局作为全市治超工作牵头部门，在市政府的领导下，在各区县和有关部门的密切配合下，通过建立政府主抓、部门联动、条块结合、区域协作的工作机制，法律、行政、经济、科技等手段多措并举，形成了圈、点、线有机结合的三道治超防线，有效遏制了非法超限超载运输行为，治超工作取得了阶段性成果。

▲ 联合治超显威力

▲ 公路治超检测站

▲ 把住治超关口

## 五、公路养护维修

20世纪80年代以后，公路养护维修陆续使用了铲车、拖拉机、推土机、找平机等大型机具，尤其是沥青混合料的拌和实现了机械化作业，保证了质量，节约了能源。进入20世纪90年代以后，天津公路养护投资多、养护管理力度大、路况服务水平好，养护技术、养护设备、养护作业方式等都有了大幅度地提高和发展。至1998年，国、市干线公路全部实现了GBM养护标准，公路路况进入了良性循环。全面提高小修养护质量，迎宾路线公路的服务达到了全区域、全方位、全天候、全优质的“四个全”目标。实施以路面为中心全面养护，坚持以国干线为重点的公路网的全方位养护；提高小修养护工艺，提高小修养护的及时性和经常性，提高小修养护机械化、规范化水平，提高养护投资效益和社会经济效益。贯彻“预防为主，防治结合”的方针，提高公路设施抗灾能力，减少公路水毁和冬雪春融造成的病害。努力提高公路管理信息化和养护机械化水平，大力推广应用四新技术，改性沥青技术、微表处技术等一大批成果得到大面积推广应用。

▲ FVR型综合养护车

▲ 公路养护微表处

▲ 路面热再生加热机

▲ 乳化沥青撒布作业

▲ 温拌沥青路面施工

▲ 公路机械化清扫

公路桥梁养护维修，坚持加固与改造相结合。建立健全桥梁工程师制度和公路桥梁检查、评定制度，加强桥梁的预防性养护，对桥梁检查工作实行“统一领导、分级管理、分级负责”的原则，进行日常巡查、经常性检查、定期检查、应急检查、特殊检查，在此基础上制订相应的管理对策：一是加强桥梁的预防性养护，达到增强桥梁耐久性和延长使用寿命的目的；二是加速旧桥加固改造，每年都安排固定资金，对不适应交通需求和使用功能的桥梁进行加固改造，对不同的桥梁结构形式采用不同的方法进行加固。

▲ 公路桥梁检测

▲ 加强桥梁养护维修

2011 年，在交通运输部组织的“十一五”全国干线公路养护管理检查中，天津市排名第四，荣获先进单位，实现了历史性突破。

▲ 荣获公路养护管理工作先进单位

## 六、通过天津的国道划定

根据 1981 年 11 月国家计委、国家经委、交通部联合发布的《关于划定国家干线公路网的通知》，通过天津的国道共有 6 条，包括：G102（京哈线），天津境内自三河界至玉田界，长 28.9 公里。G103（京塘线），天津境内分三段：自河北省香河界至勤俭道（京津公路），长 63.1 公里；市区段；造纸五厂至塘沽河北路（津塘公路），长 32.4 公里。G104（京福线），天津境内自河北省廊坊界至河北省青县界，长 107.6 公里。G112（津涞线，今津同公路），天津境内自西横堤至河北省安次县界，长 25.1 公里。G205（山广线），天津境内分三段，自河北省丰南界至铁东路 78 公里，市内段，李七庄至河北省黄骅界 62.5 公里。京津塘高速公路，天津境内自河北省廊坊界至塘沽河北路，长 100.85 公里。

## 七、国道干线通过改建全部达到一级化

1990年以前，天津市域范围内的普通公路国道干线设计标准较低，路况较差，一些路段达不到二级公路标准，而且病害严重，在公路交通量逐年增长的情况下，部分路段出现交通拥堵现象。1991年以来，加强了国道和市级干线的改建，一是拓宽，二是补强，三是完善交通设施，四是绿化美化。国、省干线公路通过改扩建，实现了路面黑色化、桥梁永久化、行道树林荫化，目前国道干线全部已全部实现一级化。

1.102线改建

102线又称京哈公路，全长28公里。1996年进行第一次改建，增建蓟州立交，同时对全线改建，由三块板改为一块板，路面宽21米，并对路面补强。

▲▲ 102线改建

2.103 线改建

103 线即京塘国道。天津北段由津冀界至中环线，称京津公路，天津东段由外环线张贵庄立交至塘沽，称津塘公路。全线长 93.76 公里，中间经过市区路段由市区道路部门管辖。1996 年开始，分段进行改建，改建后全线已成为一级公路。

▲▲ 改建后的京塘国道京津段（疏港公路）

▲ 20 世纪 80 年代京塘国道京津段

▲ 20 世纪 90 年代末京塘国道津塘段

▲ 改造后的京塘国道津塘段

3.104 线改建

104 线即京福公路。1994—1995 年先后改建了西琉城至前毕庄段（改建为津沧高速）、津冀交界处至西琉城桥，拓宽至 9 ~ 12 米。2000 年分两段组织改建，北段津冀界至西青道，长 63 公里，在原宽度基础上补强，并重建东州大桥；南段毕庄子以西至静海九宣闸南津冀界，长 36.4 公里，按二级公路标准改建，设计车速 80 公里 / 小时，穿越静海城区及唐官屯镇区按城市道路标准改建，工程包括改造刘上道桥，重建争光渠、港团引河桥、马厂减河 3 座桥梁，改造唐官屯地道。2003—2005 年，改建津静公路，自 104 线与津杨公路交口新辟部分线位，增设铁路下穿式立交和独流减河大桥，将原津静公路加宽至一级公路，路面宽 20 米，至静海县城新建下穿式立交和跨越原地道的桥梁，与原 104 线相接。改建后此段转变为 104 线。

▲ 京福国道静海独流段

▲ 京福国道静海段改线工程

▲ 京福国道西青段

4.112 线改建

112 线是北京环城公路，起点为河北高碑店，经天津、河北唐山、河北宣化、回到河北高碑店。天津段长 99.08 公里，自宁河津冀界至外环线与 205 线重合，直至西青道西横堤。西横堤至津冀界，天津称津同公路。1992 年改建子牙河桥；1997 年改建津霸和津同公路，均按二级公路技术标准改造。王庆坨镇里段进行拓宽，增加慢车道和人行道，并对全路补强。

▲ 1997 年改造后的 G112 线津霸公路

▲ 改建后的国道 112 线西青道

5.205 线改建

山海关至深圳，原称山广公路，天津段由津榆和津淄公路构成，南段铁东路至李七庄已成为城市道路。全长 165.3 公里( 除去重复路段为 139 公里 )。北段津榆公路自 1993—2004 年三次改建，路面拓宽到 9 ~ 12 米，并修建了多座立交。南段津淄公路 1995 年改建万家码头大桥，2000 年全线改建；2008—2010 年，外环线至万家码头段改建为双向各宽 15 米的一级公路，全线铺筑 SMA 表面层。2012—2013 年实施了 205 国道改造交通运输部全国示范工程，天津段全线改为一级公路。

▲ 改建后的国道 205 线天津段

## 八、市级重要干线全部改建和新建为二级以上高等级公路

1. 外环线

1998—1999 年对西北半环津静公路至宜白立交段实施改建，长 29 公里，对车行道进行补强，增建津静立交；1998—2000 年对东南半环宜白立交至津静立交实施改建，全长 42.4 公里。设计标准为城市快速干道，对路面结构进行补强。2016 年对外环线全线进行改造。

▲ 1999 年改造后的外环线西北半环

▲ 2000 年改造后的外环线东南半环

2. 津围公路改建

天津至河北省围场，原为三、四级公路。1989 年，外环线至蓟县县城北段改建为 16 米宽二级公路。津围公路是天津市建材的主要运输通道，车辆超重现象严重，同时为修建津蓟高速公路做前期准备，1999 年进行全面补强改建。

津围公路改建前，1998 年先对九园公路进行了改建，工程长 80 公里，自廊辛路京津公路口至九王庄桥，利用廊辛路、梅丰路、战黄路等加宽和新辟部分线路组成九园公路，1999 年竣工。

津围公路改建工程起自外环线，至蓟县邦喜公路，长 96 公里，为二级公路重车路线。原宽度 16 米不变，全部补强。增加小石庄桥、青龙湾桥、潮白河桥、九王庄桥等，在桥的部位形成上下分行断面。2000 年竣工。

▲ 改建后的津围公路

▲ 1999 年改建的九园公路

▲ 津围公路蓟县山区段

3. 津汉公路改建

津汉公路是天津至汉沽的公路，原路标准较低，大部分路段仅宽 7 米，结构很弱，病害严重，于 1993—2005 年逐步分段进行改建，其中 2004—2005 年对外环线至东金路段改建工程为京津高速联络线，改建后路宽 60 米，是双向 8 车道外加慢车道的一级公路。沿线增加跨京津塘高速立交、杨北公路立交、东金路立交。

▲▲ 改建后的津汉公路

4. 津港公路

津港公路是天津至大港的公路。长 33 公里，双向 4 车道，路宽 24 米，西青段为上下行，其他为一块板形式。1991 年 9 月建成竣工通车。2000 年对外环线到八二路南 0.5 公里段改建，长 14 公里。路面、路基宽度不变，全部补强以提高承载力；2001 年对八二路南 0.5 公里至北围堤路段改建，长 16.32 公里。两项改建工程均被评为天津市市政公路工程质量金奖。

▲▲ 改建后的津港公路

5. 津沽公路改建

津沽公路是天津至塘沽海河南的公路，原为二、三级公路，线形路幅狭窄，路况很差，遂分段分期进行改建。1997年对葛沽至河南路段新辟线位改建，由三级公路新建为双向4车道一级公路；1997年起建设咸水沽环线，将津沽公路镇里路段变为城市道路，穿越车辆通过环线绕过城镇。1997年建成南环线，2000年建成北环线，均为新辟线路，同时建成八二路，由津港公路南八里台至南环线，为一级公路。2001—2002年，对咸水沽以东至葛沽段进行改建，原路补强，宽度不变。

▲ 改建后的津沽公路

▲ 八二公路

6. 津静公路

津静公路是天津到静海区的公路。2001 年对外环线津静立交至营建路段进行改建，长 7.3 公里，按一级公路技术标准建设；2003—2007 年，对营建路以南至静海县城段进行改建，增加西青、静海铁路下穿立交 2 座，改建后为双向 4 车道一级公路，西青段为城市主干道标准，宽 41 米，之后，将自与 104 线相交处开始至静海区与 104 国道相接变更为 104 线国道。

▲ 津静公路西青段

7."十二五"期间，实施普通干线公路路网提升改造工程

按照"扩容改造、拓宽出口、适度连通"的原则，2011—2015年"十二五"期间，重点治理干线公路拥堵、改建对外出口路、打通区县间断头路，进一步完善本市公路网结构。五年间安排普通干线公路建设改造总里程380公里，其中包括芦汉、芦玉、津同（津霸公路至廊坊界）、津王、宝武、港塘、唐通、梅丰、宝芦、唐廊等干线公路。

▲ 唐廊公路改建工程

▲ 武香公路

▲ 蓟县公路新貌

▲ 蓟县山区公路

# 九、实施公路交通设施及安保工程

## 1. 公路旅游指示牌

▲ 公路总公司实施的七里海湿地风景区旅游标志指引工程

▲ 公路总公司实施的蓟县旅游标志工程

2. 山区公路安保工程

2013—2014 年，对全市 9427 公里乡村公路的安保设施进行了拉网式普查，完善了安保设施工程。

▲▲▲▲ 安保设施

## 十、乡村公路建设

从 1983 年开始，天津市政府连续多年把修建乡村公路列入改善农村人民生活十项工作的内容，各区县成立了以主管区县长负责、相关部门参加的乡村公路修建指挥部，并设乡村公路管理办公室，专门负责乡村公路修建工作。1998 年年底，乡村公路由天津市农委移交天津市政工程局管理，局所属公路管理局设置了乡村公路管理办公室，由公路部门、地方政府、所在乡村共同建设管理乡村公路。天津市市政工程局每年从公路养路费中划拨专项资金用于乡村公路的建设养护补贴，每年补贴由 1999 年的 2300 万元提高到 2007 年的 1.3 亿元。区县、乡镇政府、广大村民也增加了对乡村公路的投入。1999 年宁河北岳庄桥建成，标志着全市农村实现了村村通油路。“十一五”“十二五”期间，每年安排乡村公路新建、改造 1000 公里，整修部分病害桥梁，增设交通安保设施，2005 年乡村公路全面实现了路面高级化。2012 年，随着蓟县北部山区 27 个自然村村道建设工程竣工，天津市在全国率先实现了自然村村村通油路的目标。

▲ 1999 年建成宁河北岳庄桥

◀ 宁河北岳庄过去出行靠摆渡

◀ 蓟县“长寿村”毛家峪乡村公路

▲ 蓟县山区乡村公路

▶ 静海李高庄乡村公路

▶ 武清区北蔡村乡村公路

▶ 武清区乡村公路张标堡桥

◀ 宝坻区白丝窝村乡村公路

◀ 村村通公路

◀ 男女老少共修致富路

截至 2014 年年底，天津市已基本建成以天津港为龙头，以中心城区和滨海新城为双核心，通达“三北”腹地和华东、华南地区，便捷连接京津冀都市圈各大中城市，直达周边城市和市域内的 11 个新城，覆盖重要的中心镇、旅游景点、开发区的高速公路网络以及与之配套的普通干线公路和农村公路网络，实现了中心城区通往各卫星城均有高速公路或快速路直接连通，市域内各新城与中心镇之间均有二级及以上等级公路连通，农村公路全部达到四级以上等级标准。

▲ 蓟县山区公路

▲ 宝坻环城公路

# 第五章 公路建设市场管理

京津塘高速公路建成以后，市政工程局不断完善项目法人制、工程招投标制、工程监理制、合同管理制。对公路项目的招标方案、资审文件、招标文件等整个程序、文件进行审查，对开标、评标过程进行监管，建立了天津公路系统公路工程评标专家库，并制订下发了《天津市市政工程局建设项目分包管理规定》等，使公路建设市场逐步规范化，建立了公平、公开、公正的市场机制，沿着规范化、程序化的轨道运行。

“十一五”以来，天津市公路建设市场管理进一步加强。

一是制度建设不断完善，形成长效机制。相继出台了一系列规范性文件，包括《天津市施工图审查审批管理办法》《天津市评标专家库管理办法》《天津市公路建设市场信用档案管理办法》《天津市公路工程监理工程师岗位责任制管理办法》《天津市公路工程平安工地建设活动相关规定》《天津市公路项目建设单位考核评价暂行办法》《天津市公路工程施工标准化指南(工地建设部分)》《关于进一步加强公路建设市场信用信息应用的若干意见》《关于进一步规范天津市公路工程市场监督管理的若干意见》等。

二是招标投标监督管理工作进一步强化。通过采取合理低价法，推行大标段，提高诚信金额度，有效避免了大范围围标、串标的发生，保证了项目招投标工作的公平、公正、公开，确保了招标投标工作沿着规范化、程序化轨道运行，对防止腐败行为的滋生和蔓延起到了积极的作用，在一定程度上防止了暗箱操作和腐败行为的发生，收到较好效果。

三是监理市场培育工作健康有序发展，开展了“监理企业树品牌、监理人员讲责任”行风建设活动，在监理取费和人员配备方面严格监管，加大督查力度，采取专项督查和综合督查相结合的原则，使监理行为进一步规范。

四是信用体系建设不断推进。2008年以来，在全市范围内通过诚信体系建设，推进公路建设市场诚信体系考核评价工作。按照交通运输部的统一部署，制定了《天津市公路建设市场信用档案管理办法》，完善了公路建设市场诚信体系考核评价工作，所有公路项目都纳入了考核体系。积极做好施工、监理、检测单位的考评工作，按照奖优罚劣的原则，加大奖惩力度，将情节严重的违规单位上报交通运输部，纳入不良行为记录进行通报。通过诚信体系的建立，各参建单位对诚信体系建设工作非常重视，能够按照诚信体系要求规范自身行为，严格履行合同。

▲ 召开公路建设市场信用体系工作会

五是建设项目过程管理不断加强。建立了强有力的治理组织体系，通过大力推广科研课题及新技术、新材料的应用，对预防和减少工程质量通病发挥了重要作用。通过开展平安工地建设，坚持以人为本的设计、施工理念，将公路建设对沿线居民的影响降到最低点。

六是建设市场监督管理更加严格。通过严格履行项目基建程序审批，从可研上报至交竣工验收及项目后评估工作做到了全过程监管。开展了工程建设领域突出问题专项治理工作，重点对建设程序、招标投标、资金使用、质量安全等方面的问题进行了清查、整改，取得了较好效果，得到交通运输部督查组的较高评价和部领导的充分肯定。

# 第六章 提升养管工作科技含量推进信息化建设

## 一、依托现代化设备为市政公路科技进步提供技术支撑

天津市市政工程研究院主要承担城市道路、公路、桥梁、排水等专业的科研、试验、检测、鉴定、设计、监理、咨询及技术服务等工作。该院拥有国内同行业一流的国际先进水平的成套仪器设备。这些设备的引进与开发应用，使该院逐步形成“科研、检测、咨询、设计、监理”的一体化格局，为市政公路工程建设和养护管理加大科技含量，推进科技进步提供了技术支撑。

截至2010年年底，天津市市政工程研究院已拥有系列市政、公路领域相关的核心技术：以GTM设计沥青混凝土及振动成型设计半刚性基层为代表的路面结构及材料设计技术的核心技术，已成功应用于天津市及河北、河南、内蒙古、山西等省（自治区）的3000多公里高速公路；改性沥青、乳化沥青、泡沫沥青及彩色沥青技术；低碳环保的胶粉改性沥青、温拌沥青技术;抗剥落剂、抗车辙剂、桥梁伸缩缝填缝剂、桥面防水材料生产技术；混凝土耐久性技术；桥梁健康检测技术；级配碎石、排水路面材料设计技术及路面再生技术等。以弹性层状体系理论为指导的，将GTM设计技术与Superpave®设计技术分别应用于适应层面的路面材料结构一体化技术取得突破，为耐久性路面的设计及建设提供了坚实的理论基础。还有城市道路及公路预防性养护技术，公路路基路面快速维修关键技术，检测设备的开

发应用技术。同时开发公路养护管理系统（含GIS模块），使检测数据能迅速自动处理，提高了检测效率和检测技术水平。近几年完成的道路预防性养护决策体系研究，已在天津多条高速养护决策规划中应用，效果显著；河道淤泥填筑路基成套技术研究，应用于天津葛万公路、港中公路及河北海兴县城新区、湖北大悟县工业园区道路工程中；混凝土梁桥承载能力快速评定加固技术研究，应用于滨海新区23座桥梁及天津6条高速公路桥力的检测中；绿色生态城市道路体系研究，应用于中新生态城起步区道路工程、滨保高速东段延长线工程中；沿海地区高速公路病害精确诊断及维修关键技术研究，其中泡沫沥青再生半刚性基层技术，应用于京哈、河北肃宁到临清公路、江西梨温高速及津沧高速大中修工程中；软土路基加固技术，应用于长深高速天津段改扩建工程中。

▲ 市政工程研究院的试验检测中心楼

▲ 市政工程研究院的试验检测室

▲ 国产自动弯沉仪车

▲ 国产横向摩擦系数仪

▲ 地质探测雷达

▲ 进口桥梁检测车

▲ 自动激光平整度仪

▲ GTM 旋转试验机

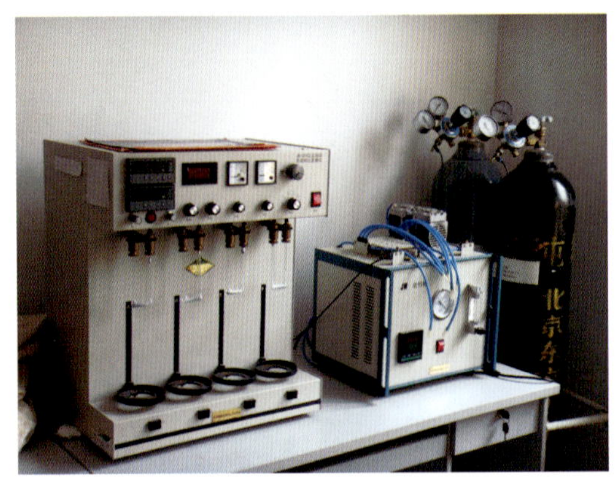

▲ 突起路标发光强度系数测定仪

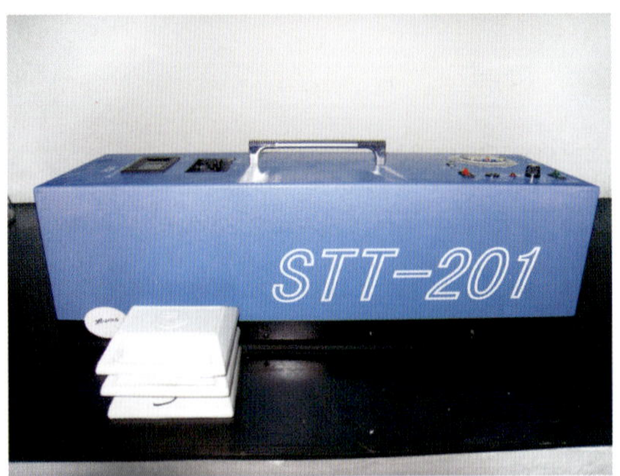


▲ 全自动氮吸附比表面仪

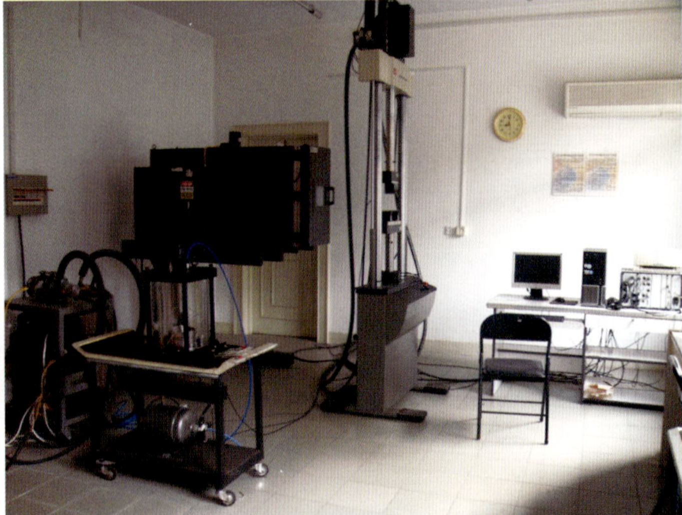

▲▲ 500 吨微机控制电液伺服压剪试验机 MTS 材料试验机

## 二、推进信息化建设，提高市政公路运行效率和服务水平

按照“一次规划、分步实施、注重实用、满足需求”的原则，2007 年，天津市市政公路管理局成立了局信息中心，基本建立起了数字市政公路系统，道桥、公路、高速公路等管理机构也建立了局信息中心分中心，通过数据共享，实现了全方位、多部门、多层次的设施动态监管。局和各管理机构分别开通了“天津路网”“天津道桥”“天津公路”“天津高速公路”等网站，为社会公众提供出行信息和行政许可审批等公共服务。

天津市道路桥梁管理处创建了道路信息共享平台，应用手机定位系统作为路巡的技术方式，实现道路养护施工管理信息化，并应用于路网改造分析中。2000 年，公路管理在全部列养公路和桥梁设施应用“公路路面管理系统”和“桥梁管理系统”，每年对列养公路路面和桥梁进行监测评价，并提出养护计划辅助决策意见。自 2004 年起，开始开发以公路数据库为平台的各类业务应用系统，进一步完善交通流量调查分析系统、路政管理信息系统、路面桥梁管理系统、公路养护信息管理系统、公路设施管理系统等多个应用系统，提升天津公路的优化管理和控制。

治超工作实施了治超信息系统联网工程，实现了全市各治超检测站点与各级治超办之间的信息化联网，通过治超数据资源共享，形成一个布控严密的全市超限超载车辆监控网络。

实施公路税费改革之后，以公路养路费征稽处和贷款道路通行费征收办为基础，市政公路局成立了市政公路巡查管理处，通过信息化手段，巡查反馈市政公路设施存在的问题，督办上级部门及群众反映的市政公路设施的热点问题。

按照交通运输部的统一部署，天津市高速公路管理处全面推进电子不停车收费系统（ETC）建设，成立了高速公路联网收费管理中心，与华夏银行等多家银行建立了合作关系，扩大 ETC 用户。截至 2016 年年初，ETC 用户已达 39 万户，并于 2015 年年底实现了除西藏自治区、海南省之外的各省市自治区高速公路联网收费。

▲ 市政公路信息中心

▲ 数字公路管理体系

▲ 高速公路监控调度中心

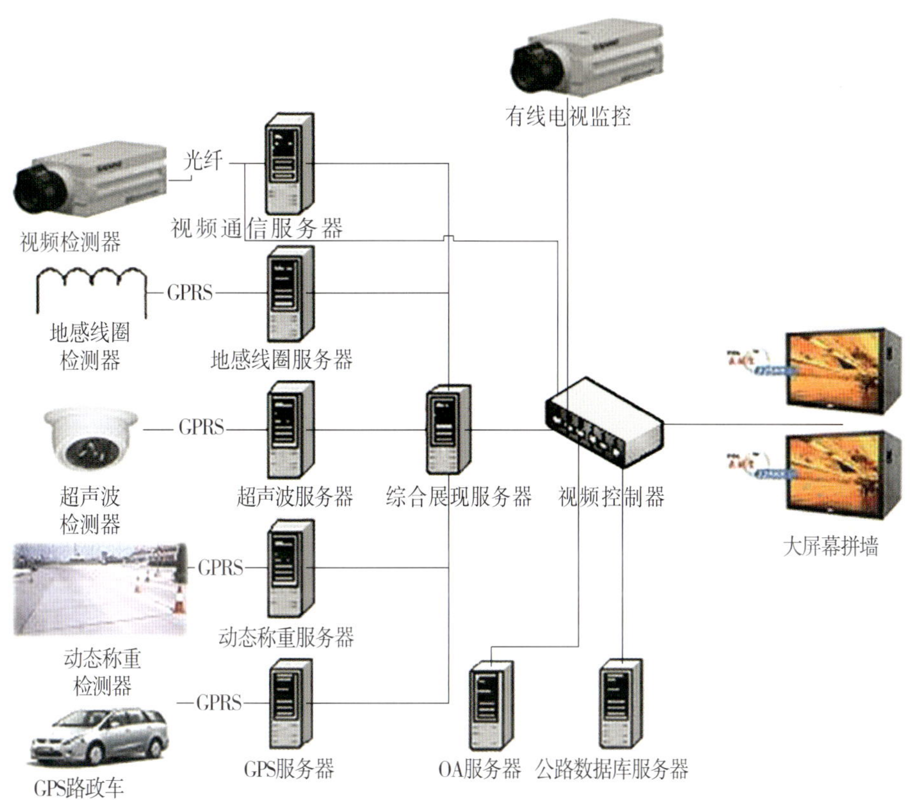


▲ 已建成的数字公路管理系统

▲ 市政公路巡查网格化管理

▲ 高速公路路网信息管理中心

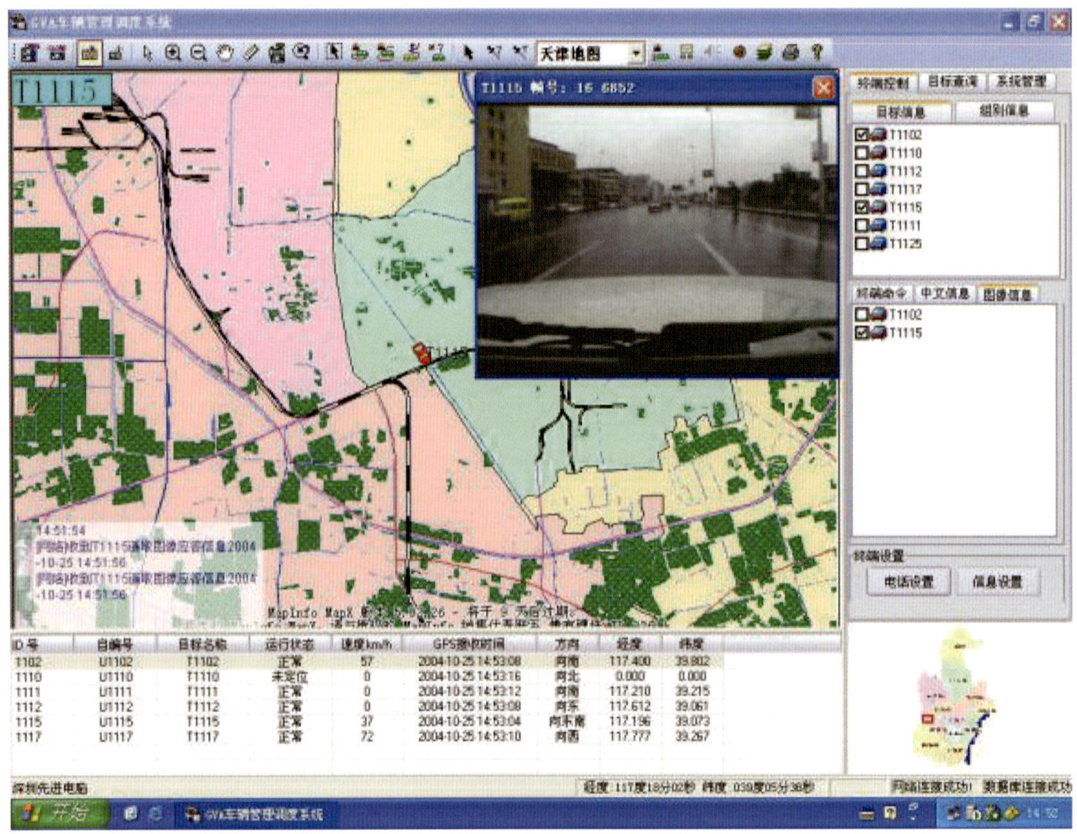


▲ 城市道路路况巡视图

▲ 高速公路电子不停车收费

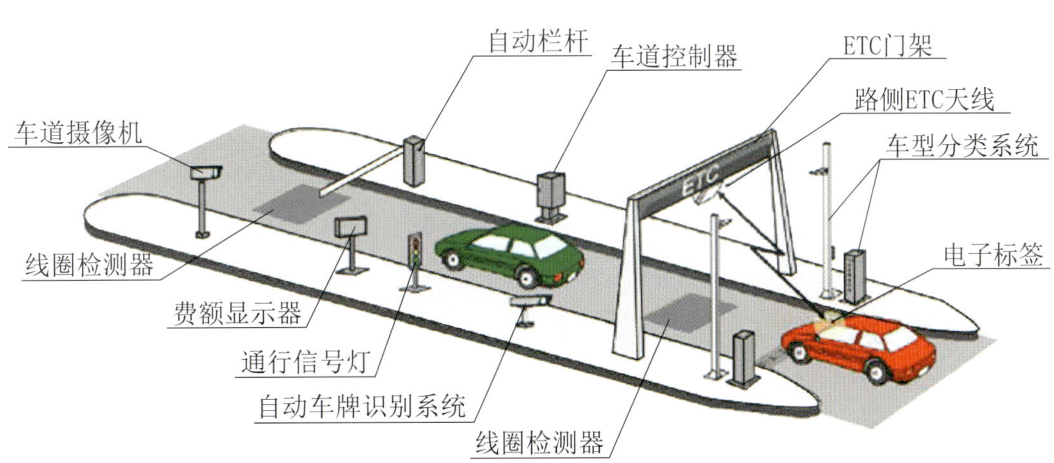

▲ 高速公路电子不停车收费系统工作示意图

# 第七章　天津解放后 60 多年特别是改革开放以来市政公路行业取得的辉煌成就

## 一、市政公路设施

1. 城市道路和桥梁设施

截至 2013 年年底，天津市有城市道路 1409 条（含环城四区），比 1948 年年底的 411 条增加 998 条；总长度 1410 公里，比 1948 年年底的 275 公里增加 1135 公里，增长 5.1 倍；面积 3571 万平方米，比 1948 年年底的 245 万平方米增加 3326 万平方米，增长 14.58 倍。目前城市道路包括快速路 32 条、138 公里，主干线 176 条、364 公里，次干线 369 条、396 公里，支路 832 条、512 公里。市区里巷道路 20892 条、1919 公里。

天津市区有桥梁 298 座（含环城四区），比 1948 年年底的 72 座增加 226 座，增长了 4.14 倍；总长度 184.1 公里，面积 342.3 万平方米，其中跨线立交桥 55 座；跨河桥 159 座；人行天桥 84 座；地道 57 座，比 1948 年年底增加了 48 座。

2. 公路交通设施

截至 2013 年年底，天津市公路总里程 15718 公里，比 1948 年年底的 792 公里增加 14926 公里，增长 19.8 倍。公路网中包括：国道 860 公里，省道 2831 公里，县道 1307 公里，乡道 3858 公里，村道 5853 公里，专用公路 1009 公里。按技术等级划分，高速公路 1103 公里，一级公路 1302 公里，二级公路 3241 公里，三级公路 1260 公里，四级公路 8812 公里。二级及以上公路占全路网的 35.9%，路网密度 131.87 公里 / 百平方公里，比

1948 年年底的 7 公里 / 百平方公里增长 18.8 倍；公路桥梁 3225 座，比 1948 年年底的 87 座增加 3138 座，增长 37 倍；桥梁总长 523586 延米，比 1948 年年底的 1667 延米增长 521919 延米，增长 314 倍。

3. 城市排水设施

截至 2013 年年底，市区共有排水管道 2665.9 公里，比 1948 年年底的 236.67 公里增长 2429.23 公里，增长 11.26 倍；检雨井 219510 座；泵站 63 座，比 1948 年年底 13 座增长 50 座，增长 4.85 倍，其中雨水泵站 17 座、污水泵站 24 座、合流泵站 22 座；机组 242 台，比 1948 年年底的 28 台增长 214 台，增长 8.64 倍；装机容量 14693.5 千瓦，比 1948 年年底增长 13386.8 千瓦，增长 11.24 倍；排水能力 126.5 立方米 / 秒，比 1948 年年底增长 114 立方米 / 秒，增长 10.16 倍。到 2010 年污水管网普及率为 84.06%，雨水管网普及率为 72.3%，比 1948 年 25% 的普及率增长了 3 倍。

## 二、人才工程

改革开放以来，天津市政工程局、天津市政公路管理局坚持市政工程和人才工程“两个成果一起抓、两个成果一起要”。人才观念的超前，人才战略的实施，在一系列重点工程的历练中，在全局营造的尊重知识、尊重人才的氛围中，一大批青年人才脱颖而出，使得市政公路规划设计、建设养管队伍呈现出人才济济、千帆竞发、百舸争流的局面。从新中国成立初到 2010 年，市政局有 5 人被评为全国劳动模范，18 人被评为全国建设、交通系统劳动模范，243 人被评为市级劳动模范。改革开放以来，一大批经过实践锻炼的青年人才相继走上各级领导岗位，挑起了市政公路建设的重担，共有 65 人被提拔为副局级及以上领导干部，其中 33 人被提拔交流到市委、市政府，各区县、委办局及大型国有企业集团担任重要领导职务，33 名提拔交流领导干部中有市级领导 3 人，各区县、委办局及大型国有企业集团局级领导 30 人。至 2013 年，市政公路管理局拥有中国工程设计大师 2 人，天津市授衔专家 2 名；享受政府特殊津贴人员 34 人。各类专业技术人员 2694 人，其中包括：工程技术专业，正高级工程师 173 人，高级工程师 693 人，高级建筑师 5 人，工程师 782 人，建筑师 11 人；会计审计专业，高级会计师 32 人，会计师 59 人，审计师 2 人；统计专业，高级统计师 7 人，统计师 1 人；经济专业，高级经济师 22 人，经济师 28 人等。

## 三、市政公路工程建设

改革开放以来，市政公路行业获得的全国性奖项主要有：国家科技进步奖 4 项；1979 年全国科技大会奖 4 项；中国土木工程第一批詹天佑大奖 2 项；国家优质工程奖金奖 1 项、银奖 29 项；中国建筑工程鲁班奖 15 项；国家级优秀勘察设计奖 29 项，其中中环线工程获金奖；中国市政金杯示范工程奖 34 项，包括金钢桥、西河桥、海津大桥工程，和平路改造、外环线综合整治绿化及津河改造等工程。

忆往昔峥嵘岁月，展未来任重道远。新中国成立后的 60 多年，天津市政公路人走过的是一条不平凡的道路，一代又一代的市政公路人把自己的青春、热血、智慧和汗水奉献给了天津这座城市，先后完成了一批批市区道路桥梁、公路与桥梁、排水、防洪、园林、地铁和水利工程，取得了辉煌的成就。不仅如此，天津市政公路人还出师大江南北、长城内外，为兄弟省市留下了一座座、一条条城市基础设施和公路交通设施，创出了“天津市政铁军”“天津城建铁军”的品牌和良好的信誉。市政工程局的历届领导、广大干部职工为造福人民的城市基础设施建设做出了不可磨灭的贡献，尽管有些同志已经离开了我们，但他们对市政建设事业的无私奉献和开拓创新精神，让我们永远怀念和敬仰！

天津市政公路人思想敏锐、视野开阔、意气风发，必将在改革开放的大潮中与时俱进，勇往直前，用自己的努力记录着锐意进取、再创辉煌的坚定信念，为不断完善天津城市基础设施，增强城市载体功能做出新的更大的贡献！

# 跋

INTRODUCTORY

天津解放以来市政公路建设的发展历史，正是天津市市政工程局从起步到成就辉煌走过的历程。市政公路干部职工为天津市市政基础设施和公路交通设施的建设发展做出了不可磨灭的贡献。遵照许多老同志的意愿，为了铭记历史、激励后人，我们以天津近代以来城市基础设施的发展历程为主线，以展示改革开放以来市政公路建设所取得的辉煌成就为重点，广泛搜集大量文字图片等档案资料，并采访了部分老同志，精心撰写，并摘选了1200余张图片，编撰了《天津市政记忆》这套书。

本丛书第一册《近代天津的城市基础设施》反映的是自1860年天津近代史的开端到1949年天津解放这段时期天津基础设施的历史演变过程；第二册《1949—1977年天津市政公路建设》展示的是自1949年天津解放至改革开放之前的1977年这段时期的天津市市政公路建设发展历程；第三册《1978—2014年天津市政公路建设》浓笔重墨地展示了1978年改革开放以来到2014年天津市政公路建设取得的辉煌成就；第四册《1949—2014年天津市政公路养护管理》反映的是天津解放以来市工务局、市建设局、市政工程局、市政公路管理局不断加强设施管理，提升设施服务水平，完善路网系统，增强城市载体功能，打造美丽天津所做的工作。这套丛书力求图文并茂、资料翔实、简明扼要，可作为了解天津近代百年特别是改革开放以来市政公路设施发展历程的参考书和资料书。

在本丛书策划编写过程中，广泛参考了各种相关出版物和多方面的研究成果，恕不一一详列，在此一并致谢。由于一些重点工程编者未能直接参与，加之编写水平和其他条件有限，故难免有疏漏不当之处，敬请批评指正。

编 者

2016年6月